ベルギービールという芸術

田村功

光文社新書

目次

巻末

オランダ語圏
フランス語圏
ドイツ語圏
フランス・オランダ語圏
オランダ
ドイツ
ルクセンブルク
大公国
リンブルフ州
LIMBURG
ANTWERPEN
ボクレイク
Bokrijk
ヘンク
Genk
ディースト
Diest
ハッセルト
Hasselt
VLAAMS-BRABANT
トンヘレン
Tongeren
ルーヴェン
Leuven
フーハルデン
Hoegaarden
オイペン
Eupen
リエージュ
Liege
リエージュ州
LIEGE
スパ
Spa
アメル
Amel
モダーヴ城
Modave
ザンクト・ヴィット
Sankt-Vith
BRABANT-WALLONIE
ナミュール
Namur
デュルビュイ
Durbuy
アンヌボワ城
Annevoie
ディナン
Dinant
ヴェーヴ城
Véves
マルシュ・アン・ファメンヌ
Marche-en-Famenne
アン・シュール・レッス
Han-sur-Lesse
ラ・ロッシュ・アン・アルデンヌ
La Roche-en-Ardenne
ナミュール州
NAMUR
サンテュベール
Saint-Hubert
ボーレーン
Beauraing
ルデュ
Redu
バストーニュ
Bastogne
リュクサンブール州
LUXEMBOURG
アルロン
Arlon
ブイヨン
Bouillon
オルヴァル
Orval

クノック・ヘイス
Knokke-Heist
ダム
Damme
オーステンデ
Oostende
ブルッヘ
Brugge
デ・パンヌ
De Panne
ヴェスト・フランデレン州
WEST-VLAANDEREN
ルーセラーレ
Roeselare
ポペリンヘ
Poperinge
イーペル
Ieper
コルトレイク
Kortrijk
オースト・フランデレン州
OOST-VLAANDEREN
ヘント
Gent
オーイドンク
Ooidonkt
デンデルモンデ
Dendermonde
アールスト
Aalst
アウデナールデ
Oudenaarde
ロンス
Ronse
シリー
Silly
アト
Ath
ピペ
Pipaix
トゥルネー
Tournai
ベルイユ城
Beloeil
モンティニー・シュール・ロック
Montignies-sur-Roc
アントヴェル
Antwerpen
シントニクラース
Sint-Niklaass
レムベーク
Lembeek
エノー州
HAINAU
モーンス
Mons
フランス
アイルランド
イギリス
ロンドン
オランダ
デンマーク
アムステルダム
ベルリン
ブリュッセル
ベルギー
プラハ
チェコ
ドイツ
パリ
フランス
ウイーン
オーストリア
スイス
スロベニア
イタリア
クロアチア
モナコ
サンマリノ
バチカン市国
ローマ

編集協力　福井信彦
口絵写真　御厨慎一郎（ビール）
　　　　　　竹内雅弘（グラス）
巻頭地図　飯箸　薫
四章地図　デマンド

Ⅰ　ベルギービールを知る

ラガーとエール

「ねぇ、ビールの本場はどこの国?」

「そうですねぇ、やっぱりドイツでしょうね」

たいていの日本人は、こう答えます。あなたも、たぶんそうでしょう。

「ドイツもそうだけど、イギリスもビールの本場ですよ」

あなたが少しビールに詳しい人なら、こう答えるかも知れません。

「じゃあ、ベルギーは?」

「う〜ん、何だろう? 少なくとも本場ではないよね」

そもそも「ビールの本場」って、どういうことを意味しているのでしょうか。

ビールのタイプを大きく分けると、「ラガー」と「エール」になります。ラガーは摂氏一〇度前後の比較的低温で発酵させて造られるビール。一五世紀頃にドイツで生まれました。でも生まれてから三〇〇年もの間、ドイツもバイエルン(バヴァリア)地方だけでしか知られていなかったのです。有名になったのは、一八四二年にお隣のチェコ（当時はボヘミアと呼ばれていました）が、ラガーを改良してゴールド色のビールを造ってから。あの有名なピルスナーの登場です。それまでビールはすべてダークな色をしていたため、ゴールド色に輝くビールはすこぶる珍しく、それこそ「あっ」というまに世界中で真似されました。

今日、ラガー・ビールは、ドイツだけでなく全ヨーロッパ、北米、中南米、アジア、アフリカ、そして日本と、世界のいたるところで造られ、飲まれています。二〇〇二年に日本と韓国でサッカーのW杯が開催されましたが、その出場国、三二カ国のすべてがこのラガー・ビールを造っているほど世界中に広まっています。だから、ドイツはビールの本場、いえ、正確にはラガー・ビールの本場というわけです。

もう一方のエールは、ラガーに比べてかなり高い温度の摂氏二〇度前後で発酵させて造ります。ビールは八〇〇〇年以上も昔から（一万年以上も前からという考古学者もいます）飲まれてきたお酒ですが、ドイツがラガーを考え出すまではもっぱら高温発酵一本槍できました。つまり、一五世紀までビールといえばエールだけだったのです。

ドイツでラガーが生まれ、それをチェコが改良し、いろいろな国で真似されるようになっても、エールだけを頑固に造り続けた国があります。その一つが、イギリスです。イギリスはもっぱらエールの改良に努め、一七世紀頃にはペールエール、一八世紀にはポーター、二〇世紀にはブラウンエールという、今日ではイギリスばかりでなく日本の地ビールやアメリカのクラフトビールに多く見られるビールのスタイルを確立しました。ですから、イギリスはエール・ビールの本場といわれているのです。

世界に知られるのが遅かった理由

ベルギーもイギリスと同じようにエールに執拗にこだわってきた国です。ビール造りの歴史もドイツやイギリスに負けないほど古く、紀元前五八年にジュリアス・シーザーが当時のベルギカ地方（現在のベルギーを含む地域）に遠征したとき、いたるところでビール造りの光景に遭遇しています。そんなに歴史が古いのに、残念ながらドイツやイギリスのように他国に真似されるビールを一つも生み出していません。したがって、ビールの本場といわれる栄誉に与《あずか》ることができないわけです。

ただ誤解のないように申し上げておくと、他国に真似されるビールを生み出していないのは、ベルギーのビールに真似されるだけの魅力がなかったからではないのです。魅力の点で論じると、ベルギーほど魅力に富んだビールを造っている国はほかにありません。それなのに、なぜ真似されなかったのでしょうか。二〇世紀の半ばが過ぎるまで、ベルギーでどんなビールが造られているか、他国の人々にあまり知られていなかったからです。それどころかベルギーにビールがあることすら、知っている外国人はほとんどいませんでした。

そのベルギーに、ドイツともイギリスとも違う、個性的で魅力的なビールがあることが知られるようになったのは、一九五七年にベルギーがＥＣ（現在のＥＵ）に加盟してからです。当初、フランスとドイツが自国にＥＣの本部を持ってこようと互いに綱を引き合ったのですが、両国とも最後まで譲らなかったため、本部はベルギーのブリュッセルに置かれることになりました。その結果、ベルギーがヨーロッパ経済の中心地となり、ブリュッセルを目指して各国の人々が活発に往来するようになると、多くの外国人がベルギービールと出合い、そのほとんどが虜《とりこ》になったのです。

ブリュッセルを訪れてベルギービールの魅力にとりつかれた外国人は、しかし、そのことをあまり他人には教えませんでした。たいていの人は、独りだけでこっそりと楽しんだり、ごく親しい友人に飲ませてビックリする顔を見て悦に入っていたのです。ですから、ブリュッセルがＥＣの本部となっても、すぐにベルギービールがヨーロッパ中に知れ渡ったわけではありません。「知る人ぞ知る」という状態がそれから一〇年以上も続きます。

伝道師、マイケル・ジャクソン

隠されていたベルギービールのヴェールを剥《は》いで、ヨーロッパやアメリカの大勢のビール通をベルギービールのファンに駆り立てた人がいます。イギリスのビール評論家マイケル・ジャクソンです。彼もほかの外国人と同じくブリュッセルを訪れて、ベルギービールの虜になった一人です。でも、彼は独りだけで楽しまず、そのことを広く世に伝えました。

一九六七年にベルギーで週末を過ごし、すっかりベルギービールにはまり込んでしまったマイケル・ジャクソンは、まず一九八〇年のはじめに出版した *The World Guide to Beer* と、一九八八年の *The New World Guide to Beer*（邦訳『世界のビール案内』晶文社）の中で、知られざるベルギービールの魅力の一端を紹介しました。続いて彼が主演するテレビのドキュメンタリー番組 The Beer Hunter でもベルギービールを最初に取り上げて、欧米のビール通に強い興味を与えました。そしてついに、ベルギービールだけに内容を特化した *The Great Beers of Belgium*（邦訳『マイケル・ジャクソンの地ビールの世界——多彩な味わい、ベルギービール』柴田書店）を出すにおよび、ベルギービールの魅力の全貌が解き明かされたのです。そうした功績がベルギー政府から称えられ、一九九四年に皇太子フィリップ殿下からメルクリウス勲章が授与されました。

その後もマイケル・ジャクソンが *Beer Companion*（邦訳『ビア・コンパニオン』日本地ビール協会）や *Ultimate Beer*、*Great Beer Guide* などの本を書き、各国のビールとともにベルギービールの魅力を精力的に紹介し続けたおかげで、わずか数年でベルギービールは世界の醸造家たちの注目するところとなったのです。とくにアメリカでクラフトビール（地ビール）を造っている醸造家たちには大きな影響を与え、ホワイトエールやストロングゴールデンエールや修道院タイプのベルギービールをアメリカでも造る試みが始まりました。日本でも、いくつかの地ビール醸造所が関心を持ち始めています。この調子でいくと、早晩、ベルギーもドイツやイギリスと並んでビールの本場と呼ばれるようになるに違いありません。

天才的な閃《ひらめ》きで造られた芸術品

マイケル・ジャクソンによって明らかにされたベルギービールの世界は、人々がこれまでに抱いてきたビールのイメージや常識をズタズタに引き裂くか、さもなければガラガラと崩壊させるものでした。

まず、その香りです。

チェリーの香りがするビール、ストロベリーの香りがするビール、ラズベリーの香りがするビール、バナナの香りがするビール、リンゴの香りがするビール、洋梨の香りがするビール、ブドウの香りがするビール、オレンジの香りがするビール、パッションフルーツの香りがするビール、アプリコットの香りがするビール、プルーンの香りがするビール、レーズン（干しブドウ）の香りがするビール、オークの香りがするビール、薔薇の香りがするビール、タフィーキャンデーの香りがするビール、チョコレートの香りがするビール、コーヒーの香りがするビール、カラメルの香りがするビール、バニラの香りがするビール、黒コショウの香りがするビール、コリアンダーの香りがするビール、ナツメグの香りがするビール、アニスの香りがするビール、リコリスの香りがするビール、ハニー（蜂蜜）の香りがするビール、乳酸の香りがするビール、シェリー酒の香りがするビール……。

これまでビールの香りに対して注意を払わないできた人は、まずベルギービールの香りのヴァラエティーの豊かさに驚愕《きょうがく》し、ビールの世界の広さと奥深さに目を開かれます。もちろん、ドイツのピルスナーやイギリスのペールエールに見られるようにホップの香りを強く効かせたビールも多々あります。ドイツのデュンケルやシュヴァルツビールやボックや、あるいはイギリスのブラウンエールやアイルランドのスタウトのように、ローストした麦芽の焦げた香ばしさを強調したビールも決して少ないわけではありません。でも、そういうビールはユニークな香りが百花繚乱と咲き競うベルギービールの中では平凡過ぎて、目に留まらないくらい色褪《あ》せてしまうのです。

次に、その味と触感です。

ほのかに甘酸っぱいビール、ドライで強烈に酸っぱいビール、シャンパンのような軽い酸味のあるビール、甘味の後に苦味が襲ってくるビール、シロップのように甘いビール、舌の奥にジーンと苦味が尾を引くビール、みずみずしく喉を潤すビール、綿アメのようにふんわりとしたビール、クリームのように滑らかなビール、赤ワインのように重々しいビール、喉の奥が熱く感じるほどアルコールの強いビール……などなど。

ああ、これがビールだなんて信じられますか？

香りの多彩さといい、味・触感の多様さといい、半端ではありません。一つの国だけで造られるビールとはとても考えられないほどヴァラエティーに富んでいます。ヴァラエティーの豊かさに加えて、一つひとつのビールが美食学的に見ても類《たぐ》い稀《まれ》なほどの高い完成度を誇っています。

ベルギーの醸造家は、ホップや麦芽だけでなく、スパイスやハーブやフルーツの使い方についても、まったく天才的な閃きとテクニックを駆使しています。よその国の醸造家が目の敵《かたき》にして嫌う野生酵母すら、見事に手なずけてビールに使い込んでいます。そのベルギーの醸造家たちの手によって造り出されたビールは（人によって好みが分かれることを承知のうえで言いますが）、ありきたりの美味《おい》しさをはるかに超えて、飲む人の心の隅々までジーンと沁み込みます。世界的な名指揮者によるバッハやモーツァルトやベートーヴェンを聴いたときのように、思わず涙を催すほどの感動に包まれるビールも少なくありません。

ベルギービール……、まさにビールの芸術品です。ドイツとイギリスがビールの本場であるならば、ベルギーは「偉大なビール芸術国」といってもいいでしょう。こんな国は、世界に二つとありません。

九州よりも小さな国

　ベルギーの国土の大きさは日本のほぼ一二分の一しかありません。面積が三万五一九平方キロメートルといいますから、わが国の九州から佐賀県と熊本県を外したほどの大きさ。といってもピンとこなければ、九州と四国を足して二で割った程度の大きさと思えばよろしい。国土のカタチは、四方八方から叩かれてひしゃげ、打たれて凸凹《でこぼこ》になったヘルメットに似ていて、ベルギーの苦難に満ちた歴史を象徴しています。ヘルメットの鍔《つば》を左端から右端へ、つまり西海岸の町オーステンデから東端の町アルロンまでクルマで横断しても、その距離はわずかに二八〇キロ。高速道路を飛ばせば二時間半もかからずに走破できるほど小さな国です。

　北へ行くとオランダ、南へ行くとフランス、東へ行くとドイツ。どちらも陸続きでつながっています。こういう国には、私たち島国国民の知らない生活スタイルがあります。

　たとえばサラリーマンの通勤。私がヘント（フランス語ではガン、英語ではゲント）のコンピュータ会社に勤めている友人を訪ねたとき、よもやま話から通勤時間の話に移りました。

「ところで、フランク。あなたのお住まいは、この近く？」

私がこう尋ねると、

「いや、オランダです」

私はビックリして、

「ええっ、オランダ!? 本当に？ 毎朝、オランダからベルギーのヘントまで通っているんですか？ いったい何時間かかるの？」

「オランダといってもベルギーとの国境の近くですから、家から会社までクルマでだいたい四〇分。オランダから通っている人、多いですよ」

「たった四〇分！」と、私は二度目のビックリ。

次に私が聞かれました。

「ミスター・タムラは、何分かかるの？」（その頃、私は会社勤めをしていました）

「電車で一時間、ドア・ツー・ドアで一時間四五分くらい」

「ええっ、一時間四五分も!?」

今度は、彼がビックリする番です。そして、こんなふうに感嘆されました。

「一時間四五分かかってもまだ国境を越えないの？ 日本はなんて広い国なんだ！」

私はどう答えてよいか、返事に窮したものです。

ところで、外国へ毎日行って仕事をして帰ってくるって、どんな気分なんでしょう。日本人には、ちょっと想像がつきません。そのことをフランクに質《ただ》すと、

「勤めている会社が外国の会社だとか、一緒に働いているスタッフが外国人だとか、そんなことはぜんぜん意識していないし、一度も考えたことがない。ヘントでは話している言葉も同じオランダ語だし、毎日の行き帰りに国境を越えるときだってパスポートコントロールがないから、外国と行き来しているという実感がない。そもそもオランダとベルギーは、同じ国だったときもあるんですから」

なるほど。フランクの説明を聞いて私は、ヨーロッパ人の、すくなくともオランダやベルギーやルクセンブルクのような小国に住んでいるヨーロッパ人の、国際観というものをほんのちょっぴりだけ覗き見ることができたような気持になりました。

ベルギービールの二大潮流——フランデレンとワロニー

ビールに話を戻しましょう。

ベルギーのほぼ中央に首都ブリュッセルが位置し、そのすぐ下を東西に一本の目に見えない線が走っています。言語境界線といい、この線から北ではオランダ語、南ではフランス語が話されます（首都圏のブリュッセルでは両方の言語が使われています）。言葉が違うということは、そこに住む人々の生活習慣や人生観や物事の価値観が違うことを意味します。一言でいうと文化の違いです。日本の九州より小さな国に、二つの違う文化がある。そのことが、造られるビール・飲まれるビールにも反映していることは否めません。

北部のオランダ語圏はフランデレン Vlaanderen と呼ばれ、南部のフランス語圏はワロニー Wallonie と呼ばれています。ビールの風味の傾向としては、フランデレンで造られるものがどちらかというとフルーティーさや麦芽の香りを重視し、ワロニーのものは強《し》いて言うとスパイシーさと口当たりの軽さを大切にしているように思われます。フランデレンの人々がゲルマンの血を多く引いているのに対し、ワロニーの人々にはラテンの血が濃く流れていることが、味覚の嗜好に微妙な違いをもたらしているのでしょう。フランデレン・ビールとワロニー・ビールは、ベルギービールを形成する二大潮流といってもいいのです。

ですから、ベルギービールを選ぶときの指針として、「フランデレンのビールか」「ワロニーのビールか」ということも見逃せません。ベルギービールを体系的に学ぶには、このやり方で飲み分けていくのも一つの有効な方法です。

その見分け方ですが、ラベルに書かれている商品名がオランダ語であればフランデレンのビール、フランス語ならワロニーのビールです。しかし、オランダ語の名前とフランス語の名前が一緒に書かれたビールもあって、そういうときは迷います。一番確かな見分け方は、醸造所の名前がオランダ語かフランス語かをチェックすることです。Brouwerij（ブラウエレイ）と書いてあればフランデレン、Brasserie（ブラスリー）とあればワロニーのビール。ブラウエレイはオランダ語、ブラスリーはフランス語、どちらも「醸造所」の意味です。ただ、日本で売られているベルギービールは、この大事な部分に日本語の説明書きがペタリと貼られていることがままあります。まさか酒屋さんの店先でこの説明書きを剥がすわけにもいかず、私も困っています。

ベルギービールの正確な数

さて、ベルギービールがすこぶるヴァラエティーに富んでいることはもうお分かりいただけたと思うのですが、種類についてはどうでしょう。いったいどのくらいの数のビールが造られ、飲まれているのでしょうか。日本人でもベルギービールに詳しい人なら、即座に約八〇〇種類と答えてくれます。マスコミの記事でも、八〇〇という数字が一番多い。ところがこの数字、間違いではありませんが、誤解を招きかねないので解説が必要です。

その前に、八〇〇という数字が一国で造られるビールの種類として多いのか、少ないのか。その辺をはっきりさせてから、話を進めましょう。日本の場合で見ると、二〇〇二年四月現在で二八九カ所の地ビール醸造所が活動を続けています（免許公布は三四〇カ所）。詳しい統計が入手できないので推定で話しますと、一つの醸造所が平均四種類のビール（もしくは発泡酒）を造っていると仮定して二八九カ所では一一五六種類となります。これに大手ビール会社の数字を加えると、低めに見積もっても一一八〇種類は下らないでしょう。ですから数字だけを単純に比較すると、日本の方が断然多い。

そこで人口比で見ることにします。ベルギーの人口は約一〇二六万人（二〇〇一年）、日本が約一億二七二九万人（二〇〇一年推定）です。これで国民一人当たりのビールの種類を計算すると、ベルギーは〇・七八、日本は〇・〇九。ベルギーは日本の八倍以上になります。

ついでですから、国民一人当たりの年間ビール消費量も比較しておきます。キリンビール社の資料によると、ベルギーが九九リットル、日本が五五・九リットル（いずれも二〇〇〇年）。ベルギーでは日本の一・八倍ものビールが飲まれています。これで、国民一人当たりのビールの種類・消費量ともに、ベルギーは日本に比べて大きく勝っていることが分かりました。

さて、さっきから出ている八〇〇という数字の解説です。ここで引用するデータは一九九七年のものでちょっと古くて恐縮なんですが（新しいものがなかなか入手できません）、これによるとベルギーのビール醸造所の数は一一五カ所、ビールの数は一〇五三種類となっています（*Peter Crombecq's Benelux-Beerguide*）。

ええっ、一〇五三種類。八〇〇種類じゃないの!?　ちょっと待ってください。一〇五三種類をよく調べてみると、オリジナル・ビールとレーベル・ビールというのがあって、オリジナル・ビールの数が七八〇種類、レーベル・ビールが二七三種類、合わせて一〇五三種類です。つまり、オリジナル・ビールの七八〇という数字が巷間《こうかん》伝えられている八〇〇種類のもとになっているわけです。

で、注意していただきたいのは、「種類」という言葉。ベルギーのデータでは「銘柄数」を表しています。ですから、「ベルギービールの銘柄は全部で一〇五三種類、うちオリジナル・ビールの銘柄が約八〇〇種類ほど」と言った方がより正確になります。

またビールの場合、一つの銘柄はたいてい複数の商品で構成されています。たとえば、「ブロンド（金色）」「アンバー（琥珀色）」「ブラウン（茶色）」というように。そういった商品数まで全部数え上げると、なんとベルギービールの総商品数は一五四七種類！

すごい数ですねぇ。さっきも申し上げたように、この数字は一九九七年のものですから、現在ではもっと増えていると見てよいでしょう。ちなみに、この一五四七という数字のうち、オリジナル・ビールに該当するものが一一五九種類、レーベル・ビールが三八八種類となっています。

そこで、日本のビールの話に戻ります。さきほど、「地ビールの数が一一五六種類、これに大手ビール会社の数字を加えると一一八〇種類は下らないでしょう」と書きました。この「種類」は「銘柄数」ではなく「商品数」です。そこであらためてベルギービールと日本のビールの「商品数」を比較すると、一五四七対一一八〇。わざわざ人口比を持ち出すまでもなく、単純な数字の比較だけでもベルギーが勝っていることが一目瞭然です。

オリジナル・ビールとレーベル・ビール

ところで、オリジナル・ビールとかレーベル・ビールとかって、何のことでしょうか。オリジナル・ビールというのは元々の商品のことで、レーベル・ビールは中身がオリジナル・ビールと同じ物だけれども商品名とラベルを別の違う物に変えているビールのことです。たとえば、日本でもよく知られているクリーク・ランビックのボーン・クリーク Boon Kriek は、別にヴェンテル・クリーク Wentelkriek という名前でも売られています。この場合、前者をオリジナル・ビール、後者をレーベル・ビールといいます。

なぜこんなややこしいことをするのか、私は不思議に思って一度聞いたことがあります。「いろいろな理由で……」という答えが返ってきました。

いろいろな理由の一つは、こうです。

「醸造所の直営カフェでお客に出すビールに、カフェの名前に変えたラベルをつけることがしばしばあるんだ。たいていの場合、カフェだけでは捌《さば》ききれなくなって街の酒屋さんにも出回ってしまうけどね」

たとえば、ベカスBecasseというランビック・ビールがよい例です。ブリュッセルのトボラ通り一一番地にLa Becasseという名前の、昔からすばらしいグーゼ・ランビックやフルーツ・ランビックを飲ませることで有名なカフェがあります。このカフェは、ベルビュウBelle Vueというランビック系のビールを造るファン・デン・ストック醸造所の直営店で、そこで出すビールには山鴫《やましぎ》のイラストにBecasseのロゴが入ったラベルを貼っています。この場合、Becasseがレーベル・ビールで、オリジナル・ビールはBelle Vue。その後、ファン・デン・ストック醸造所はインターブルー社という大手資本のビール会社に吸収されたため、BecasseもBelle Vueも現在はインターブルー傘下の醸造所で造られています。

では、「いろいろな理由」の二つ目。

「外国に輸出するときね、オリジナル・ビールの名前で持っていくと都合の悪いことがよくある。英語圏ではオランダ語やフランス語の名前をなかなか覚えてもらえないしね」

たぶんトワソンドールToison d'Orというトリペル・タイプのビールなどは、その一つではないでしょうか。

トワソンドールとは、その昔フランドルやブラーバントなど多数の諸侯を統括支配していたブルゴーニュ公フィリップ・ル・ボンによって一四三一年に設立された「金羊毛騎士団」

のことで、ローマ法王庁の敵オスマン・トルコを滅ぼすと宣言して何度も集会を開いたり十字軍旗をふりかざしたりして盛んにデモンストレーションを行ったんですが、実は一度も戦いに出向いていません。歴史家の中には「ブルゴーニュ公のお遊び十字軍」と陰口をたたく人もいますから、まあ、実際は貴族の趣味的な集まりにすぎなかったようです。

その名前をつけたトワソンドールのレーベル・ビールは、オリヴァー・ツイスト Oliver Twist といいます。オリヴァー・ツイスト……ハテナ、どこかで聞いたことのある名前だな。そう思って記憶をたどっていたらヒョイと思い出しました。イギリスの作家チャールス・ディケンスの小説じゃないですか。一九六〇年に Oliver! という題名でミュージカルにもなっていますから、年輩の方なら覚えていらっしゃるでしょう。想像するに、このビールの醸造元ヘット・アンケル社はロンドンでミュージカル Oliver! が流行《はや》っていた頃に、イギリスへの輸出を目論《もくろ》んだのではないでしょうか。

ベルギーで一番アルコール度数の高いことで知られるビール、ブッシュ12 Bush 12 にも、スカルディス Scaldis という名前のレーベル・ビールがあります。一九八〇年代の初頭に、醸造元デュビュイソン社がブッシュ12のアメリカ輸出を考えました。

ところがアメリカには、綴りはちょっと違うけれどもブッシュ Busch という名前の巨大ビール会社があります。あのバドワイザーを造っているアンハイザー・ブッシュAnheuser-Buschです。ブッシュの名前のままアメリカに持っていったら、ベルギービールでなくバドワイザーの姉妹品と誤解されかねない。そこでやむなく、ベルギーのシンボルともいうべきスヘルデScheldeの河の名前を借用し、これをラテン語綴りのScaldisに変えてアメリカ市場での販売を開始しました。

歴史に〝もし〟はありませんが、もしもブッシュの名前のまま輸出していたら、どうなったでしょう。それから一〇年も経《た》たない一九八九年に、ジョージ・H・W・ブッシュさんがアメリカの四一代大統領になりました。さらに二〇〇一年には、その長男のジョージ・W・ブッシュさんもアメリカの四三代大統領に。ブッシュ12はバドワイザーを抜いてアメリカで最も有名なビールになったかもしれません。

スーパーのPB（プライベート・ブランド）はレーベル・ビール

さて、レーベル・ビールが造られる「いろいろな理由」の三つ目です。
「大手スーパーマーケットの中には、プライベート・ブランドのビールを置きたいといってビール会社に製造を発注することが結構ある。そんなときビール会社は、既存のビールにスーパーマーケットが用意したラベルを貼りつけて納入するわけさ」

スーパーマーケットのプライベート・ブランド・ビールは、実はレーベル・ビールなんですね。だから、日本人が泊まっているホテルの近くのスーパーでベルギービールを買うと、失敗することがよくあります。なんだ、日本のビールと同じじゃないか⁉　なぜかというと、スーパーで売られているプライベート・ブランド・ビールはピルスナー系が圧倒的に多いからです。

多種多様なビールが造られ飲まれているベルギーでも、売れ筋はなんといってもピルスナー系。これが、全消費量の七〇ないし七五パーセントにもなっています。スーパーには、もちろんピルスナーばかりでなく、多彩な香り・多様な味を誇るクラシック・スタイルのベルギービールも売ってはいます。でも、薄利多売を身上とするスーパーがプライベート・ブランドをつくるとしたら、売れ筋ビールに決めるのが当然じゃないですか。

知らない名前のビールを見つけたら脇目もふらずに買ってしまうのがビール・マニアの習性ですが、スーパーのプライベート・ブランド・ビールを買うときだけはラベルをよく読んで中身を確かめてください。ピルスナーなら、まず百パーセントといってもよいほどPils

と書いてあります。それから、ベルギーへ行ってまで敢《あ》えてピルスナーを買いたいという奇特な人がいたってかまいませんが、そういう人もこの文字を目印にすれば絶対に間違うことがないでしょう。

それじゃ、ベルギーへ行って本当にベルギービールらしいビールを飲みたいときはどうしたらいいのでしょう。昔から続いている由緒あるカフェに行くことです。カフェといっても、コーヒーの類《たぐ》いは一切飲ませてくれません。もっぱらビールと、店によってはちゃんとした料理を食べさせてくれる居酒屋さんです。

ブリュッセルの中心ですと、誰もが必ず訪ねる有名なグラン・プラスの近くにタヴェルン・シリオ Taverne Cirio とかファルスタッフ Falstaff とかラ・シャルプ・ドール La Chaloupe d'Or といった名前のカフェがあります。どこも四〇〜五〇種類のベルギービールを置いていますから、一週間滞在するとして毎晩通っても全部の味を確かめるのは容易ではありません。

カフェで気に入ったビールに出合ったら名前を控えておいて（私の経験では名前をメモしておかないと後できっと後悔します）、翌日にでも酒屋さんで同じ物（できればグラスも）を買い求めるのがよいでしょう。カフェで飲むよりはるかに安くあがります。

二つとない同じ味

さきほど、ベルギービールの総商品数は一五四七種類と申し上げました。しかし、ベルギービールの本当の凄《すご》さは、数の多さではありません。一つひとつみんな違う味わいを持っているところが、凄いのです。一五四七種類の中には三八八種類のレーベル・ビールが含まれていて、これはオリジナル・ビールと同じ味ですから、正しくは一五四七マイナス三八八イコール一一五九種類、つまり「一一五九の違う味」を誇っているわけです。こんなことは、ベルギーだけ。ベルギーの醸造家は口を揃えてこう言います。「ベルギーに同じ味のビールは二つとない」。ドイツやイギリスには、同じ味のビールがたくさんあります。

ドイツやイギリスの醸造家は、長い歴史の中で確立されたビールのスタイルを忠実に守って造っています。スタイルというのは、ドイツならピルスナー、ドルトムンダー、ミュンヒナー・ヘレス、ミュンヒナー・デュンケル、シュヴァルツ、ヴァイツェン、ケルシュ、アルト、ベルリーナ・ヴァイセ……などを指します。

イギリスには、ペールエール、インディア・ペールエール、ブラウンエール、マイルドエール、スコッチエール、スコティッシュエール、ポーター、オールドエール、バーレイワイン、ドライスタウト、スィートスタウト、インペリアルスタウト……などがあります。そして、醸造家はスタイルごとにそれぞれ似た味のビールに仕上げます。違いがあるとすれば、できが良いか・悪いか。飲む立場から見ると、美味しいか・不味《まず》いかだけです。

イギリスやドイツで、スタイルは消費者にとって買うときのガイドにもなります。ですから、ビールのラベルにはスタイル名がきちんと表示されています。ごく稀になにも書いていないビールがないわけではありませんが、ほとんどが「ヴァイツェン」とか「スタウト」とか明記しています。これを確認さえしておけば、初めて買う銘柄のビールであっても味の特徴が百パーセント想像できるわけです。問題は美味しく造られているかどうか。こればかりは、飲んでみないと分かりません。買って飲んでみて、美味しければ満足しますし、不味ければ二度とそのビールを買わないでしょう。

ベルギービールにも、ラベルにスタイル名を書いていることがよくあります。セゾンビールがその一つで、商品名の中にSaisonと入れていますから見落とすことがありません。セゾンSaisonというのは、ベルギーのフランス語地域ワロニーで造られるビールの一種で、元来は農家が畑仕事で渇いた喉を潤すために造った自家用ビール。スパイスの効いたみずみずしい口当たりを特徴としています。今日では醸造所が造って売っていますが、昔、農家が「わが家の味」を競ったのを踏襲して、醸造家ごとにみんな個性的で違う味に仕上げています。飲んでみるまで、その味を知ることができません。

グーゼ・ランビックもラベルにGueuzeとかGuezeと書いてあり、こちらもセゾンと同じように商品名として大きく扱っています。グーゼの醸造家もまた他と違う味に造っていることを誇りにしているくらい、個性を大切にしています。それなのになぜグーゼと断っているかというと、世界に類のない野生酵母を利用した自然発酵という醸造方法で造っていることを強調しているわけです。

トラピストビールや修道院ビールの場合は、ラベルに小さな文字でTrappist、Trappistes、Biere d'Abbey、Abdij Bierと書いてあります。でも、その味わいはけっして一様ではなく、銘柄ごとに際立った違いを競っています。

ベルギーではピルスナーでさえ、個性や違いにこだわります。そのラベルには必ずPilsと書かれてはいますが、ドイツほどスタイルに忠実に造ってはいません。銘柄の一つひとつに醸造家の思いや主張が込められていて、どこかしらベルギーらしさが感じられます。とはいえ、大枠ではやはりピルスナーです。味の違いで勝負するベルギービールの中では、風味が単純でいまひとつ生彩に欠けていると言わざるをえません。

生理的欲求と情緒的欲求

このベルギーのピルスナー、一九九七年のデータでは商品数で一〇〇種類ほどになっています。全商品数の七パーセント程度ですが、実はこの一〇〇種類でベルギーのビール総消費量の七〇ないし七五パーセントを補っていますから、あなどれない存在です。

こう書くと「それじゃあ、ベルギービールの主流はピルスナーだろう」と思われるかもしれませんが、それはちょっと違います。ピルスナー系のビールがベルギーでも圧倒的に多く飲まれているのは事実ですが、そのわけはベルギーのビールの中で一番水に近いからです。われわれ日本人が風呂上がりの一杯にビールをキューッとひっかける、そうやって喉を潤すときにワインを手にすることはまずありません。ベルギーも同じです。エール系のビールはワインに近い風味を持っていますから、こんなときはどうしても水に近いピルスナーが選ばれます。

水に近いピルスナーはまた、一度に飲む量が違います。エール系のビールは、アルコール度数の高いものが多く（最高で一二パーセントのものがあります）、香りも芳醇に造られているので、ワインと同様、大きなグラスで一度に四杯も五杯も飲むことはできません。酔いが早く回るし、それにいくら美味しくても飲み飽きます。ピルスナーはアルコールが五パーセント前後（最高で六・五パーセント）、香りも味もごくおとなしく仕上がっているので、強い人ならそれこそ一リットルでも二リットルでも軽く空けてしまいます。

この飲まれ方の違いが、総消費量でピルスナーの数字を膨らませているわけです。

このように見ていくと、ベルギーのピルスナーは「生理的な欲求を満たすビール」である。そう定義していいと私は思います。それ以外のエール系ビールは「情緒的な欲求を満たすビール」です。情緒的なビールと定義した所以《ゆえん》は、鼻を楽しませ、舌を喜ばせるように造られたビールだからです。そのアルコールは、身体ばかりでなく心も酔わせます。

スタイル名を表示している・いないにかかわらず、初めて手にするベルギービールは、実際に開けて飲むまでどんな味か知ることができません。口に含んだとき、思いがけない香り、予想もしなかった味が現れて、ビックリさせられるビールが少なくありません。どうしたら飲む人をビックリさせることができるか……そんなことを一生懸命考えて造ったとしか思えないビールが、ベルギーにはたくさんあります。私は、初めて買ったベルギービールを開けるとき、こんどはどんなビックリが出てくるか楽しみで、いつもワクワクしながら栓を抜きます。

先にも書いたように、ベルギーの醸造家はみんな、ビールの個性や味のユニークさを大切にしています。彼等は「ベルギーには同じ味のビールは二つとない」と言って憚《はばか》らず、スタイルについては、まったく意に介しません。ここが、ドイツやイギリスの醸造家と大きく違います。ランビックやセゾンやピルスナーのようにラベルにスタイル名を表示している場合でも、それぞれ伝統的な醸造方法にのっとって造っていることを謳《うた》っているだけで、ドイツやイギリスのように共通の味に造られていることを示しているのではないのです。

一一　カテゴリーの田村式分類

しかし、銘柄だけでもレーベル・ビールを含めると一〇五三種類、商品数では一五〇〇を超えるベルギービールを理解するには、なにかしら体系的な分類が欲しいところです。酒屋さんでいろいろなベルギービールがぎっしりと並んでいる棚を前にして、どれを買っていいのか迷ったり混乱しないためにも、いくつかのカテゴリーに分けることができないものでしようか。

たとえ味は一つひとつ違っていても、造られている土地であるとか、アルコールの強さであるとか、使われている原料であるとか、飲まれる季節やオケージョンであるとか、そういう観点から見たとき共通する部分がきっとあるに違いありません。

そう考えて、私はベルギービールを一一のカテゴリーに整理してみました。

1、ランビック系

ブリュッセル近郊のパヨッテンラントPayottenlandという地域でのみ造られる自然発酵ビールです。ランビックのファミリーには、ブレンドしていない「ストレート・ランビック」、ブレンドした「グーゼ」、氷砂糖で甘味をつけた「ファロ」、チェリーが入った「クリーク」、ラズベリーを入れた「フランボアーズ」、そのほかの果物を加えた各種フルーツランビックが含まれます。

2、ホーリィエール系

ベルギーに現存する、もしくはかつてあったカソリック修道院や聖人の名前をつけたビールです。実際に修道院が造っている「トラピストビール」と一般のビール会社が造る「アビイビール（修道院ビール）」に分けられます。

3、ウィートエール系

大麦麦芽に生の小麦を加えて爽やかに仕上げ、白く霞んで見える「ホワイトエール」と、スペルト麦やバックウィート（西洋ソバ）の香りで特徴をつけた「特殊ウィートエール」が含まれます。

4、エイジドエール系

ベルギーの西部、ヴェスト・フランデレン（西フランダース州）とオースト・フランデレン（東フランダース州）で古くから造られてきた長期熟成ビール。銘柄ごとに味の違いはありますが、多かれ少なかれワインのような酸味とフルーティーな香りを伴っていることが共通する特徴です。赤色の「オールドレッド」と茶色の「オールドブラウン」の二タイプに分けることができます。

5、ワロニアンエール系

南部のフランス語地域ワロニーで造られるビール（ただし、アルコール度数の高いストロングエールを除く）。酸味やスパイス香とともにみずみずしい口当たりを伴う「セゾンビール」、濃色でスパイス香を持つ「ワロニアン・ダーク」、ゴールド色でスパイス香を持つ「ワロニアン・ブロンド」の三タイプが含まれます。

6、ベルジャン・ペールエール系

多少なりともイギリスのペールエールの影響を受けている銅色のビール。ほとんどが北部のオランダ語地域フランデレンで造られており、なかには英国メーカーのライセンス・レーベルも見られます。

7、ベルジャン・ダークエール系

こちらもイギリスの影響を色濃く映しているビール。ペールエールよりもっと色がダークで、香りも麦芽風味に富んでいます。ほとんどがオランダ語地域フランデレンで造られ、二、三の例外を除いて南のフランス語地域ワロニーにはあまり見られません。「ブラウンエール」、

「スタウト」、「スコッチエール」の三タイプがあります。

8、ストロングエール系

アルコール度数が七パーセントを超すビール。北部のフランデレンで造られ、肉料理によく合う濃色の「フレミッシュ・ストロングエール」、南部のワロニーで造られ、魚料理に適した濃色の「ワロニアン・ストロングエール」、ピルスナーのような淡い色にもかかわらず強いアルコール度数を特徴とする「ストロングゴールデンエール」の三タイプを含みます。

9、フレーヴァードエール系

スパイス、ハーブ、ハニー、フルーツなどで風味づけをしているビールです。コリアンダー、アニス、オレンジピール、リコリスなどを使った「ハーブ・スパイスエール」、チェリー、ラズベリー、ストロベリー、パッションフルーツなどを加えた「フルーツエール」（ランビック系のフルーツビールは含まれない）、蜂蜜で風味の特徴をつけた「ハニーエール」など。

10、シーズナルエール系

春、夏、秋、冬の限られた時期にだけ売り出される季節限定ビール。春の「イースターエール」、夏の「サマーエール」、秋の「オータムエール」、そして年末に出回る「クリスマスエール」の四タイプです。

11、ベルジャン・ピルスナー系

日本のピルスナー系ラガー・ビールと同様に、麦芽のほかコーンやスターチなどの副原料が使われ、苦味も軽くさっぱりとした味わいに仕立てられています。エール系のビールに比べて風味の劣化が早いので、美味しいものを買うコツは出来立ての新鮮なものを探すことです。

以上の各カテゴリーに該当する銘柄については、この本の巻末で詳しく解説することにしましょう。

Ⅱ　ベルギービールを味わう

ワイン同様グラスが重要

ベルギービールの個性的な味わい、感動を誘う香りを満喫するうえで、欠かせない道具が一つだけあります。銘柄ごとの専用グラスです。グラスなんて、何でもいいんじゃないの？そう思う人は、ストレート・タンブラーのようなどこにでもある普通のビール・グラスと、そのビールのために特別に造られた専用グラスの両方に同じビールを注いで、一度飲み比べてごらんなさい。どんなに嗅覚・味覚が鈍感な人でも、違いが歴然と分かります。

専用グラスは機能的な要素と美的な要素の二つからデザインされています。機能については、

◎泡立ちのコントロールがしやすいこと

◎香り立ちを強化すること

◎ビールと泡がバランスよく口の中に入るようにすること

主として、この三つの観点から形状が工夫されています。

美的な面については、醸造家の好みで選ばれることが多いようです。

泡を固めるフレアード・チューリップ・グラス

たとえば、デュヴェル Duvel のグラスを例にとってみると、ずんぐりと大きくふくらんだ風船のような胴の下に短い脚がついています。風船の上部は茶壺のようにくびれ、飲み口の部分がちょっと外側に開きかげんになっています。ちょうどチューリップの花の先端が外側に開いたカタチによく似ているので、デュヴェルのようなタイプのグラスはみんな、フレアード・チューリップと呼ばれています。

デュヴェルは泡立ちが非常に豊かなビールですから、普通の形状のグラスに注ぐと、一本全部を注ぎ入れないうちに泡がグラスから溢れ出てしまいます。

ところが専用グラスに注ぐと、上部のくびれた部分で泡が抑えつけられ固くなります。ビールを静かに注ぎ続けていくと、固くなった泡はグラスの縁を越えてカリフラワーのように高く盛り上がり、全部注ぎ終えてもこぼれ出ることがありません（ホップをたくさん入れていることとタンパク質の多い麦芽を使っているためです。201ページ参照）。

また上手に固められた泡は、全部飲み終えるまでビールの表面を覆っているので、最後までビールの香りも抜けません。泡から立ち上る香りの「速度」もくびれている部分でいくぶん加速される結果、グラスに鼻を近付けたときにデュヴェル独特の洋梨に似たアロマをはっきりと感じ取ることができます。このくびれから飲み口にかけての広がりも重要なポイントで、ビールと泡が均等に口の中に流れ込む形状に造られているわけです。

さらに、このグラスの底を内側から覗くと、小さな引っ掻き傷が見えます。グラスにビールが満たされると、この傷から宝石のように輝く小粒の泡が、ビーズのように連なって次々と立ち上ります（201ページ参照）。グラスを持つ手が揺れると、ビーズは右や左にくねりながら上っていきます。飲んでグラスを空にしてしまうと、当たり前のことですがもうビーズを見ることができません。グラスの中で演じられる幻想的な泡のダンス。いつまでも眺めていたくて、私はなかなかビールを口にすることができません。ベルギービールは、鼻や舌や喉ばかりでなく、目まで楽しませてくれる芸術作品なのです。

泡を抑えるワイドゴブレット

ベルギービールの銘柄を書き並べると、トラピストビール、アビイビール（修道院ビール）など「ホーリィエール系」のビールだけでも一〇〇種類以上の商品数を擁していることが分かります。これらのビールに用意されているグラスは、ほとんどがワイドゴブレットかその変形といっていいでしょう。ワイドゴブレットというのは、大型ワイングラスの胴の部分の一番太いところを横にスパッと切り落としたようなカタチをしているグラスです。

このグラスが持つ機能的な特徴は、「泡立ちの抑制」と「香りとのコンタクト」の二つ。ベルギービールは一般的に泡立ちが非常に豊かなものばかりですが、なかでも「ホーリィエール系」のビールは飛び抜けて泡立ちが豊富です。うっかりドボーッと注ごうものならグラスの中でブワァーッと膨らみ、あれよあれよという間に溢れ出て、テーブルの上をビショビショにしかねません。

かといって、デュヴェルのグラスのようなフレアード・チューリップ形を使い、泡を固める方法をとっても上手くいく保証はありません。トラピストビールやアビイビールの場合、泡がしっかりと固まらないで（ホップの使用量が少ないため）グラスの縁からサーッと溢れ出てしまいます。

「ホーリィエール系」のグラスは、口径を思いきり広げることにより、注いだときに生まれる泡を四方八方に散じるように造られています。それでもかなりの泡ができますが、溢れ出るまでには至りません。上手に注ぎさえすれば、一本分のビールをそっくりグラスに満たすことができるわけです。

では、もう一つの機能、「香りとのコンタクト」については、どんな工夫が見られるでしょう。その前に、たとえば細長い円筒形のグラスに入っているビールの場合、ビールと鼻との距離は、飲み進むにしたがってだんだんと遠ざかります。そうすると、香りとのコンタクトが弱まります。

ワイドゴブレットを使うと、ビールがグラスの底にしか残っていない状態でも、鼻との距離はそれほど遠くなりません。飲み口が大きいため、鼻をグラスの中にすっぽり入れることができるからです。飲み進んでビールが少なくなっても、香りとのコンタクトがキープされます。そのため、トラピストビールやアビイビールに備わるフルーティーな香りが、最後まで楽しめるというわけです。

しかし、これについては白人のように鼻の高い人ほど有利で、ペチャンコ鼻のわれわれ日本人には少々不利な感じがしないでもありません。

修道院の建築家がデザインしたオルヴァル・グラス

ワイドゴブレットの中で、ひときわデザインの美しいグラスがあります。トラピストビール、オルヴァル Orval のグラスです。一言でいうと、すり鉢に脚を付けたカタチ、いや、脚というより「円柱」といった方が適切でしょう。ワイングラスのような、ちょっと力を入れてねじると折れてしまいそうな細い脚ではなく、直径が三センチもある堂々とした「柱」なのですから。すり鉢形ボウルの内側には円筒を円錐状に絞ったときに生じる皺模様が全部で一四本、底の方に向かって流れるように描かれています。そのためでしょうか、実際は表面がつるりと滑らかなグラスなのに、真横からは複雑な筋が何本も入ったシボ入りグラスに見えるから不思議です。

正面に大きく書かれた Orval の文字は、一五世紀に活躍したフランドルの宗教画家ヤン・ファン・アイクの、あの有名な「ヘントの祭壇画」の中に書かれている文字とほとんど同じ書体です（ラベルに書かれているOrvalのロゴとは異なるので、わざわざグラスのためにデザインされた文字に違いありません）。大口径の飲み口は、これまた中世カソリック教会の破風《はふ》飾りを思わせる金箔で縁取りされています。

あまたあるベルギービールのグラスの中でも、これほど宗教的な雰囲気に満ちたグラスを見たことがありません。いったい誰がこんなフォルムを考えたのでしょうか。興味津々で調べたところ、アンリ・ヴァース Henri Vaes という名前が出てきました。私はこの人のことをよく知りませんが、なんでも修道院専門の建築設計士とのこと。どうりで、宗教的なイメージが見事に表現されているわけです。

ところで、キリスト教には聖餐《せいさん》という儀式があります。最後の晩餐でイエスが「パンは私の身体、ぶどう酒は私の血」と言ったことにもとづき、パンとワインを会衆に分かち与える儀式です。このときにワインを入れる杯は「聖杯」と呼ばれています。オルヴァルのグラスを始めワイドゴブレット形のグラスはこの聖杯に似ているので、「聖杯形グラス」ともいいます。

ビールを温《ぬる》くしないヘヴィー・タンブラー

グラスの話をもう一つしておきましょう。

ベルギーには、香りや味の豊かさとともに、口当たりや喉越しの爽やかさを兼ね備えたビールがたくさんあります。その代表（一番よく飲まれているという意味で）が、フーハルデン・ヴィットビール Hoegaarden Witbier です。ヴィットビールというのは、小麦を多用して軽い爽やかな酸味とリンゴを思わせるフルーティーな香りをつけ、さらにコリアンダーとキュラソー・オレンジピールを加えて、ほのかにスパイシーな味わいに仕立て上げているビールです。小麦に含まれるタンパク質によってビールが白く霞んでいるため、ヴィット（白）ビールと名付けられました。この本では、「ホワイトエール（ウィートエール）」のカテゴリーに入れてあります。

ちなみに Hoegaarden Witbier の正しいオランダ語読みは、「フーハルデン・ヴィットビール」です。しかし、日本では、Hoegaarden を英語読みにし、Witbier を英語の White Beer に変えて、「ヒューガルデン・ホワイトビール」と呼んでいます。どちらでもお好きな読み方をしていただいて、もちろん構いません。しかし、名前がオランダ語のビールは北部フランデレンのビール、フランス語のビールは南部ワロニーのビールであることを意味していますから（例外はあるけれども）、一律に英語読みにするとその辺が分かりにくくなります。そこで、この本ではオランダ語の名前はオランダ語読み、フランス語の名前はフランス語読みで表示し、分かりにくい場合は日本での流通名として英語読みも並記することにします。

このフーハルデン・ヴィットビールもしくはヒューガルデン・ホワイトビールのグラスは、造りが頑強で、手に持つとズッシリと重さを感じます。デュヴェルのグラスが三〇〇グラムであるのに対して、こちらは四〇〇グラムもあります。側面のガラス厚は、最大で五ミリ。脚は付いていません。一般にヒューガルデン・グラスと呼ばれていますが、その頑強さと重さに敬意を払い、私は「ヘヴィー・タンブラー」（略して「ヘヴィタン」）と勝手に命名しています。

で、このグラス、なぜこのように重厚な造りにしてあるのでしょう。

フーハルデン・ヴィットビールは、口当たりと喉越しの爽やかさを楽しむビールですから、夏は七～八度、冬は九～一〇度が一番美味しい温度。でも、スーパードライや一番搾りを飲むときのように、一気に飲み干してはいけません。フルーティーな香りやスパイシーな風味

（蜂蜜を思わせる香りもあります）も一緒に楽しまないともったいない。口に含んだら舌で転がしながら鼻に抜ける香りをしっかり鑑賞してください。当然、グラスが空になるまで、時間がかかります（ベルギーでは三〇分もかけて飲む人がたくさんいます）。そうすると、せっかく冷えたビールがグラスの中で温くなってしまわないかって？　ご心配なく。分厚いガラスは保冷性がよく、ビールが温くなるのを防いでくれるのです。あらかじめグラスもビールと同じ温度に冷やしておくと、その効果はもっと高まります。

専用グラスあってのベルギービール

ベルギーのカフェでは、すべてのビールに専用グラスを揃えています。でも、数はそんなに多くありません。一つの銘柄につき、せいぜい一ダース程度。ですから、大勢の客が一度に同じビールを注文すると、グラスが全部出払ってしまうことがあります。そのビールがたまたまデュヴェルで、あなたもまたデュヴェルを飲むつもりでそのカフェに入ると、とても不幸なことになります。

「パルドン、ムッシュユウ！（ごめんなさい）デュヴェルのグラスがなくなりました。戻ってくるまでお待ちになりますか、それとも別のビールになさいますか？」

ここまでグラスにこだわらないと、類い稀なベルギービールの美味しさを堪能することができません。

じゃあベルギーの人は、自宅に専用グラスをいろいろと取り揃えているのでしょうか。けっしてそんなことはありません。ブリュッセルのスーパーでビールと一緒にそのグラスも売っているのを私は何度も見たことがあるので、自宅にいくつか揃えている人は少なからずいると思います。しかし、二〇銘柄、三〇銘柄ものグラスとなると、はたしてどうでしょうか。そんなにたくさんのグラスを家の中に置いておくことは、保管スペースの点から考えてなかなかできない話です。ベルギーの人がもっぱらカフェでビールを楽しむのは、こうしたこととも大いに関係があるのではないでしょうか。グラスあってのベルギービール、グラスあってこそカフェなのです。

家庭で楽しむときは三種のグラスで

日本でもベルギー風のカフェやベルギービールを飲ませる店があちこちに生まれています。

でもまだ、ベルギーのようにどこにでも見られるほど多くはありません。その近くに住まいやオフィスのある人でなければ、いつでも気軽に行くというわけにはいかないでしょう。ベルギービールを自宅で楽しむとき、グラスの問題をどう解決したらよいのでしょうか。

私の知人でベルギービールの達人である、東京・赤坂「ボア・セレスト」の山田正春さんは、

「バルーン形、聖杯形、円筒形の三種類を用意しておくと、まずたいていのベルギービールに対応できる」

と言います。

バルーン形というのは、大きなガラス玉のてっぺんを水平にスパッと切り落としたカタチのグラス。下に脚が付いています。欧米ではスニフター Snifter とも呼んでいますが、日本ではブランデー・グラスと言った方が通りがいいでしょう。飲み口がキュッとすぼまっているので、グラスから立ち上る香りが四方に散逸しません。おかげで、強い香りの陰に隠されている目立たない香りまで嗅ぎとることができます。先に紹介したデュヴェルのグラスはフレアード・チューリップという形ですが、バルーン形の代わりに使うこともできます。

聖杯形はワイドゴブレットともいい、大口径の飲み口を持つ脚付きのグラス。泡立ちが豊

かでフルーティーな香りを持つトラピストビールや修道院ビールなどに向いています。シメイ Chimay かオルヴァルのグラスを一つ用意すれば間に合うでしょう。

円筒形は、どこの家庭にもあるタンブラー形のグラス。ホワイトエール、グーゼ・ランビック、セゾンなど、香りとともに口当たりや喉越しの爽やかさを楽しむビールに用いるといいでしょう。ただし、ホワイトエールは小麦を使って造るので泡立ちが大変豊かですから、小振りのグラスは適しません。すぐに溢れ出てしまいます。グーゼやセゾンは、逆に小さな可愛いグラスがお似合い。「どちらか一方を」という場合は、「大は小を兼ねる」です。

私の場合は、しょっちゅう飲む銘柄のグラスだけを揃えるようにしています。たまにしか飲まない銘柄のビールについては、他のグラスの中から適当なものを選んで代用していますが、満足できないときはつい買ってしまうので、困ったことに増える一方。もう五〇種類ほども集まってしまい、保管場所に四苦八苦しています。その経験から、家族に苦情を言わせないためのアドバイスを一つ。奥さん（もしくはご亭主）やお子さんたちを全員ベルギービールのファンにしてしまうんです。

極端な話、グラスは二つあればいい

もっと実用的な話をしましょうか。すべての銘柄ごとに専用グラスを使うことが、ベルギービールを一番美味しく飲むための条件ではありますが、はっきりいってそれは理想論というもの。これに拘泥《こうでい》していると、ベルギービールを飲む人はマニアだけになってしまいます。そこで私は、たった二つのグラスだけで、たいていのベルギービールを（百パーセントとは言いません）美味しく楽しめる方法を考えてみました。

グラスを選ぶポイントはただ一カ所、飲み口の形状です。ここに着目して、「飲み口が外に開いている」ものと「内側にすぼまっている」ものの二種類を探します。先に挙げたグラスでいうと、フレアード・チューリップは「外に開いている」タイプ、ブランデー・グラス（バルーン形）は「内側にすぼまっている」タイプです。飲み口の形状のほかには、グラスの中に香りをたっぷり溜め込むことと、泡のコントロールを考えて、なるべく大型で、胴回りが風船のようにふくらんでいるものがベターです。

ベルギービールには、「甘味」「酸味」「苦味」のいずれか、また全部がはっきりと目立つレベルで備わっています。そこで、これら三つの味の調和によって造り出される美味しさ＝調和美を楽しむことに主眼を置くとすれば、前記二種類のグラスで十分に対応できます。

軽い・強いにかかわらず甘味を特徴とするビールは、「飲み口が外側に開いているグラス」を用います。飲み口の開いているグラスを口に持っていくと、舌の先端が自然にグラスの縁に触れます。グラスを傾けると、ビールはまず舌の先に接触してから、口の中に流れ込みます。舌の先端には、甘味を感じ取る感覚組織（味蕾《みらい》）が集中しています。ですから、ビールを口に付けたときの第一印象は、「心地よい甘味」です。ビールにフルーティーな香りやスパイシーな香りが備わっていれば、甘味の性質をいっそう爽やかに心地よいものにします。

程度の差があるもののビールはすべて苦味を持ち、舌の奥には苦味に敏感な感覚組織が植え付けられています。口の中でビールが舌の苦味ゾーンに触れると、甘味と苦味がほどよく調和したまろやかな美味しさがつくり出されます。最後にビールを飲み込むと、苦味に一番敏感な舌の付け根を通過します。ここでビールからは甘味が消え去り、一転してドライなフィニッシュとなります。

一方、酸味と甘味を兼ね備えたビールは、「飲み口が内側にすぼまったグラス」を選びます。飲み口が内側にキューッとすぼまっているグラスの場合、口に付けて傾けてもすぐにはビールが流れ出ません。そこで、無意識に唇をすぼめて吸い込もうとします。そうすると舌先はカールして前歯の裏に隠れます。その結果、吸い込まれたビールは、舌の先に触れることなく、いきなり舌の左右にある酸味に敏感なゾーンに当たります。第一印象は「爽やかな酸味」です。でも、それは一瞬のこと。ビールが口中に満たされると舌先にも触れることになるので、酸味から「甘酸っぱさ」を経て甘味へと移り変わります（その逆はいただけません）。ビールにフルーティーな香りやスパイシーな香りが備わっていれば、酸味や甘味にツヤと爽やかさが加わり、うっとりする美味しさが口の中に広がります。やがて喉奥にビールが達するとき、苦味が現れて甘味をさっぱりと消し去り、心地よい余韻だけを残します。

で、どちらのグラスの場合も大事なことは、ビールを注ぐ量をグラスの半分に抑えること。そうすると、たとえ弱々しい香りでも見失うことがありません。なぜかというと、ビールの量を半分にすればグラスの中で香りを溜め込む空間が大きくなるからです。ベルギービールは「香りを聞くビール」ですから、そんなことも大切なポイントになります。

いくぶん温めが美味しい

こう書くと、ワインの好きな人から「あら、ワインに似ているわ」と言われそうです。その通り、ベルギービールはワインと同じ楽しみ方をして間違いではありません。グラスもそうですが、飲むときの「適温」もワインと同じような心配りをすればいっそう美味しさが増してきます。

日本人は概して、キンキンに冷えたビールでないと満足しません。なかには、グラスを冷凍庫で凍らせておく人もいます。しかし、ベルギービールをこんなふうにして飲んだら、ベルギーの醸造家が泣きます。「喉が痛いほどキンキンに冷えていて美味しいのは、水道の水とミネラルウォーターだけ」。そう言って嘆きます。そんなに冷えきったビールを美味しいと思う人は、ビールの本当の美味しさをまだ知らない……とも言われそうです。たしかに、風味がシンプルで軽いピルスナー系淡色ラガー・ビールでさえ、冷蔵庫から出して五分くらい置いてから飲むと、びっくりするくらい美味しくなりますもの。私たちは、ビールをわざわざ不味くして飲んでいるのかもしれません。

人間の味覚・嗅覚は不思議なもので、あまり冷たいものから味や香りを感じません。ですが、爽やかさは冷たいほどよく感じられます。逆に、温かくすると味や香りがはっきりと現れ出てきます。しかし、口当たりの爽やかさはあまり期待できません。ですから、キンキンに冷やすと、せっかくベルギービールに備わっているあの感動的な香りや味を台なしにしてしまいます。

「味や香りを楽しみ、なおかつ爽やかさも満喫できる温度」。これがベルギービールを冷やすときの基本的な考え方です。が、具体的に「摂氏何度?」かは、ビールごとにかなりの違いがあります。

たとえば、日本でも知られているアビイビール（修道院ビール）のレフ・ラディウスLeffe Radieuseは、一五～一八度が適温です。これは、ボルドーの赤の、それもヴィンテージものを飲むときの温度です。このくらいに温くして飲んではじめて、レフ・ラディウスに備わっている、あのチェリーやシナモンやコーヒーを思わせる香りが燦然《さんぜん》と輝きだし、口中を馥郁《ふくいく》と満たすのです。このビールのもう一つの特徴であるポートワインのような口当たりもまた、一五度にしてようやく姿を現します。

トラピストビールのヴェストマーレ・デュッベル（流通名＝ウェストマル・ダブル）Westmalle Dubbel も、適温は一六～一八度。冷蔵庫から出して冷たいまま飲むと、このビールならではの甘やかなチョコレート香と、その陰に隠れているバナナ、洋梨、パッションフルーツ、リコリスなどに似た、複雑で心ときめかす香りを知ることができません。

誤解のないように申し上げておきますが、アビイビールやトラピストビールは全部このように温くして飲んでください、ということではありません。同じアビイでもレフ・ブロンドLeffe Blonde の場合は、もっと冷たい温度の一〇～一二度が適温です（一〇度以下には絶対にしないでください）。先のレフ・ラディウスよりもホップを効かせているので、温くすると苦味が表面に重く現れてしまいます。かといって一〇度より冷たくすると、苦味はクリーンになりますが、レフ・ブロンドが持つプルーンやオレンジピールや杉板や葉巻タバコを思わせる香りが死んでしまいます。

トラピストビールのヴェストマーレ・トリペル（流通名＝ウェストマル・トリペル）Westmalle Tripel も、レフ・ブロンドと同じく一〇～一二度が適温です。ホップの苦味をクリーンに保ちつつ、ヴェストマーレ・トリペル独特のセージ（ハーブの一種）、フレッシュ・レモン、フレッシュ・オレンジ、ハニー（蜂蜜）などを思わせる芳香を生き生きと香らせるには、この温度帯より高くしても低くしてもいけません。

風味を楽しむには九度が下の限界

酸味を効かせているベルギービール、たとえばフランダース・エイジドエール系のローデンバフ・グランクリュ（流通名＝ローデンバッハ）Rodenbach Grand Cru やリーフマンス・ハウデンバント Liefmans Goudenband の場合、あるいはランビック系のカンティヨン・グーゼ・ランビック Cantillon Gueuze Lambic やアウデ・グーゼ・ボーン（流通名＝ブーン・オード・グース）Oude Geuze Boon の場合なども、一〇〜一三度の温度帯がベストです。あまり温過ぎる温度で飲むと、酸味が刺々《とげとげ》しくなってしまいますし、冷た過ぎるとフルーティーな風味が生きてきません。

セゾン１９００ Saison 1900、セゾン・デュポン Saison Dupont、セゾン・デポートル Saison d'Epeautre のようなワロニーの名産であるセゾン系ビールも、冷たくして飲みます。冷たくするといっても、キンキンには冷やしません。フランダース・エイジドエールと同様に、せいぜい一〇度まで。セゾンビールは、元来、農家の人たちが夏の畑仕事で渇いた喉を潤すために造り出されたビールですから、なんといってもみずみずしい飲み口が命ですけれども、一〇度より冷たくすると上品に効かせているスパイシーな風味が損なわれます。

九度まで冷やしてよいベルギービールは、フーハルデン・ヴィットビール（流通名＝ヒューガルデン・ホワイトビール）Hoegaarden Witbier、フラームス・ヴィット Vlaamsch Wit、グリゼット・ブロンシュ Grisette Blanche などのホワイトエールです。フルーティーな酸味とともにコリアンダーやオレンジピールのスパイシーな香りを楽しみながら、喉を潤すみずみずしい口当たりと爽やかな飲み口を満喫できるギリギリの温度は、九度まで。

とはいっても、日本の盛夏はベルギーとは段違いに蒸し暑いので、汗を引かせる目的で飲むなら七～八度まで下げていいでしょう。ホワイトエールらしい芳香はかなり弱まりますが、ここまで冷やしてもまだまだ美味しく飲めます。原料の小麦が造り出す隠れた酸味によって、冷やし過ぎてもみずみずしさが失われないし、口当たりや喉越しも変に固くならないからです。ここが日本で多く飲まれているピルスナー系淡色ラガー・ビールと違うところではないでしょうか。

『ベルギービール適温チャート』

ベルギービールの適温は、銘柄ごとに異なる……。消費者の立場から言うと、そんな温度の違いなんか、いちいち覚えていられません。なんとかならないものか。そう思った私は、汎用性と簡便性を備えた『ベルギービール適温チャート』を作ってみました。これは、ビールの色から適温を知る方法です（２０２ページ参照）。

チャートの一番上の数字は9、真ん中の数字は12、一番下の数字が15で、それぞれ温度（℃）を表します。適温を知りたいときは、これらの数字にそのビールの色を当てはめていくわけです。9℃は一番色の淡いビール、15℃は一番色の濃いビール、12℃はその中間の色のビールです。

たとえばフーハルデン・ヴィットビール Hoegaarden Witbier のように白く霞んだ色のビールは、一番上の9℃のところに該当します。セゾン１９００ Saison 1900 やデュヴェル Duvel のようなゴールド色のビールは、そのすぐ下の10℃です。セゾン・デュポン Saison Dupont やシメイ・サンクサン Chimay Cinq Cents のようにゴールドより少し濃いめのダークゴールドのビールは11℃のところ。デ・コーニンク De Koninck のようにアンバー（琥珀）色のビールは12℃。ローデンバフ・グランクリュ Rodenbach Grand Cru のようなレッドカッパー（赤銅色）のビールは13℃。ブラウン（茶色）のビールは14℃。レフ・ラディウス Leffe Radieuse やヴェストマーレ・デュッベル Westmalle Dubbel のようなダークブラウン（焦茶色）のビールは15℃。要は、「色が薄くなるほど温度を低く、色が濃くなるほど温度を高く」ということです。ただし、フルーツ系のビールは色の濃淡にかかわらず、すべて10℃とします。

お断りしておきますが、この『ベルギービール適温チャート』で分かる適温は、あくまでも目安です。銘柄によっては、もう1℃だけ上もしくは下に動かすことによって、より風味が生きる場合があるかもしれません。しかし、そんなに大きなズレはないはずです。

『ベルギービール適温チャート』を眺めていると、こんな言葉を思い出す人もいらっしゃるでしょう。「白ワインは冷やして飲む、赤ワインは室温で飲む」。ドライな白ワインは九〜一一度、ライトボディの赤ワインは一二〜一四度、フルボディの赤ワインは一五〜二〇度が適温とされているそうですから、たしかにベルギービールに似ています。ワインと同じように「淡色のビールは冷やして、濃色のビールは室温で」と知っておくだけでも、ベルギービールの味わい方はずっと本格的になるはずです。

ワインのように熟成する

ワイン好きの人は、ヴィンテージを云々《うんぬん》しますね。「九〇年のブルゴーニュは素晴らしいけど、八七年はそれほどでもない」とか、「八九年のボルドーは最高、でも九二年は平凡」とか。「素晴らしい」「最高」とされる年は、日照りが続いて糖分のぎっしり詰まった葡萄が実ります。そういう葡萄で造ったワインは長い熟成期間に耐えるため、豊かで奥行きを持つ香りを楽しませてくれます。

ビールを造る大麦や小麦には、豊穣年を意味するヴィンテージがありません。葡萄ほどその年の天候には左右されないからです。でも、ワインと同じく、長く熟成させることによってさらに豊かで奥行きのある香りが生まれます。

長期間の熟成によって造られるベルギービールの一つに、ランビック系があります。ブリュッセルの郊外でのみ造られるこのビールは、天井裏のクールシップ（冷却槽）で野生酵母を取り込んだ後、樫や栗の樽に移して発酵させます。三〜四週間過ぎて発酵が収まると樽を密閉し、それから三年間寝かせます。三年の間にゆっくりと熟成し、スペインで生まれたシエリーの最高峰「パロ・コルタード」によく似た芳香が徐々に生み出されるのです。こうして造られたランビック・ビールの一つ、カンティヨン・グランクリュ・ブルオクセラ Cantillon Grand Cru Bruocsella は、日本でも買うことのできる逸品です。

ベルギーの西部地域、西フランダース州で昔から造られている「オールドレッド」と東フランダース州の特産ビール「オールドブラウン」も、長い期間にわたって熟成させます。

オールドレッドを代表するローデンバフ Rodenbach の場合は、巨大な樫の桶に入れ、一五度以上の温度で一八カ月から二四カ月もの間、エイジングを続けます。その間に、甘酸っぱい乳酸味、オークの木の香り、それにパッションフルーツのフルーティーさといった数々の魅力が醸し出されるというわけです。

オールドブラウンの旗手リーフマンス Liefmans の場合は、スチールのタンクで六カ月から八カ月にわたって熟成期間を置いています。この間にビールは大幅に洗練されますが、ボトルに詰めてからもさらに三カ月以上のエイジングを経なければ出荷されません。出荷されたビールは、もちろん美味しく飲むことができます。しかし、このビールの愛好者の中には購入後すぐには手をつけず、自宅の地下室で二〜三年寝かせておく人が多いとか。リーフマンス社の醸造技術者は「ワインのような複雑でフルーティーな風味と口当たりのみずみずしさとのバランスが最高点に達するには、三年から五年かかる」と言っています。

自宅でも長期保管すれば、味が磨かれる

リーフマンスのように、購入してからも長い貯蔵に耐えるビールは、ベルギーに数多くあります。貯蔵に「耐える」というよりも、貯蔵によって「熟成する」と言った方が適切かもしれません。なぜなら、普通のビールのように「劣化する」ことなく、ワインのように「磨かれる」からです。

たとえば、トラピストビールのオルヴァル Orval ですと、出荷されたばかりのものを口に含むと新鮮なホップの香りがフワーッと華やかに広がります。しかし、複数の香味が幾重にも混じり合ってつくられるコクはあまり感じられません。ワインに例えるとボジョレー・ヌーボーでしょうか。ところが、これを四～五カ月ほど置いておくと、ホップの香りが落ち着き、同時にコクが姿を現してきます。七カ月くらい経つと、使われている特殊な酵母（たぶんランビックと同じ野生酵母だと思うのですが）が目を覚まし、ビールに乳酸系の香りを付

け加えるとともに甘味をどんどん食べ始めます。その結果、酸味が増し、口当たりがドライになります。一二カ月目くらいになると、ホップの香りがだいぶ鎮まって、乳酸の香りや酸味とともに、フルーティーな香り、スパイシーな香り、ハーブの香り、ナッツの香りが、ずらっと顔を揃えるようになります。オルヴァル修道院の醸造担当修道士は、このころが一番美味しいといいます。そして、五年目には数えきれないほど複雑きわまる香りが備わり、甘さが完全に消えて、爽やかな酸味とアルコールの辛さが目立つようになります。

このように貯蔵によって風味が磨かれる、あるいは変貌するビールは、ベルギーに珍しくありません。「ボトルコンディション」（ビン内熟成）という方法を使ってビン詰めされているビールが多いからです。ボトルコンディションというのは、ビンに詰めるときにごく少量の酵母と砂糖を加えてやる方法で、その酵母がビンの中のビールに溶け込んでいる酸素を吸収し、砂糖を食べて、いわゆる二次発酵とか三次発酵ということを始めます。そのため、ビールは酸化することなく、酵母が生きている限り五年でも一〇年でも熟成を続けます。

「賞味期限」は気にかけなくてもよい

ボトルコンディションされているベルギービールを保管するときは、冷蔵庫に入れてはいけません。これに使われている酵母は一四〜三八度を好むエール酵母ですから、温度が一一度以下になると活動ができなくなります。冷蔵庫の中に長期間置かれると酵母は死滅し、熟成が進まないばかりか、悪くするとビールを劣化させてしまう恐れさえあります。ですから、理想的な保管温度は一五度前後。それよりも高温、たとえば二〇度を超すと酵母の活動が激しくなり、熟成のスピードが加速されるので、ビールの風味や味わいが荒々しくなってしまいます。

とはいっても、日本では真夏に三〇度を超す日が何日もありますから、一年中一五度前後でビールを保管することは、自宅に地下室でもない限り不可能です。私の家にも地下室なんぞありませんから、真夏だけはやむをえず冷蔵庫に入れ、ときどき出しては温めてやっています。本当は、ワインセラーに入れるのが一番いいのですが。

前述のように、ベルギービールの多くは、ビンの中で酵母が生きているので、五年でも一〇年でも熟成を続けます。ということは、いつまでも美味しく飲めるわけですね。ところが、ベルギービールにも普通のビールと同じく「賞味期限」がラベルに書かれています。かつてのベルギービールには、どれも賞味期限なんて表示されていません。しかし、ベルギーがEC（現EU）に加盟したとたんに、Best before ×××と書かなければならなくなりました。ブリュッセルのEC本部で働くベルギービールを知らない官僚たちが、そのように決めたからです。ドイツから来たドイツのビールしか飲んだことのない役人と、フランスから来たビールに偏見を持つ役人が中心になって考え出した、まことに理不尽な法律だと言わざるをえません。

ボトルコンディションされているベルギービールを適正温度下で保管する限り、「賞味期限」の表示を無視して構いません。

ベルギービール鑑賞法

他国のビールはいざ知らず、せっかくベルギービールを飲むのなら、その上手な飲み方を知っておいて、魅力のすべてを余すところなく楽しみたいものです。そこで、「ベルギービールの鑑賞の仕方」をご紹介しましょう。敢えて「鑑賞の仕方」としたのは、口や喉ばかりでなく、目や鼻でも味わっていただきたいからです。

まずは、そのビールに相応しいグラスを用意し、泡立ちを上手にコントロールしながら注ぎ込みます。注ぎ終わって数秒後、泡の量とビールの量との配分比率がバランスよく落ち着いたら、それだけで目に美味しそうに映ります。泡が落ち着くまでの間に、空になったビンの底をチェックしてください。酵母が沈澱していれば、ボトルコンディションされたビールであることが分かります。

次にグラスを手に取り、ビールの色を眺めます。ベルギービールには白っぽいものから黒に近いものまで濃淡多彩な色があり、色を鑑賞するうちに「どんな香り、どんな味なんだろう」と期待感が高まります。色を見るのは、これからビールを味わう前の、いわば助走のようなもの。そうやって期待感を膨らませるほど、鼻や舌の感覚が鋭敏になり、口に含んだときにいろいろな香りや味が感じ取りやすくなります。

続いて、グラスを鼻の先に近付け、香りを嗅ぎます。そこで最初に感じる香りがトップノート。そのビールが持つさまざまな香りの中で最もパワフルな香りです。ベルギービールには、トップノートのほかにも二番目に強い香り、三番目に強い香り、四番目に強い香りが隠されていますから、グラスをぐるぐる回してそれらを表に引き出してやります。そのビールから、いくつの異なる香りを探し出せるか。そういった挑戦も、ベルギービールの楽しみ方の一つです。

さぁここで、やっとビールに口をつける段階にきました。普通のビールを飲むときのように、一気に飲み干しては身も蓋もありません。せっかくの香りや味を口の中で感じる暇もなく、さっさとお腹の中に入れてしまってはもったいない。

まず、そぉーっと唇をグラスの縁にかけ、ビールを慎重にすすり込みます。そして、舌を使いビールを口の中でぐるぐると回します。歯で噛むのもいいでしょう。その後で、鼻から息をスーッと吐き出します。そうすると、グラスを鼻に近付けて嗅いだときとは違う香りがいくつもいくつも見つかります。

さらに舌の上でビールを転がしながら、甘味と酸味と苦味の調和が美しく整っているかどうか吟味します。口当たりの爽やかさ、滑らかさや、ボディの軽さ・重さにも感覚を鋭く働かせます。飲み込んだ後は、口の中や喉越しに残る余韻を楽しみます。

……そうです。ベルギービールはワインを楽しむときと同じように、ゆっくりと味わってください。そのようにして五感を働かせて味わっていると、ちょうど絵画や音楽を鑑賞しているときと同じ感動が身体の奥底からジーンと湧き上がってくるはずです。ビールによって、ピカソみたいなビールもあれば、ルノアールみたいなビールもあります。ベートーヴェンのようなビールもあれば、ショパンのようなビールもあります。飲む人の好みで感動の大きさにはそれぞれ違いがあるとしても、ベルギービールに退屈な作品や平凡な作品は一つもないのです。

Ⅲ ベルギービールのある食卓

「わが家の味」が消えていく日本

私たちの食生活は、だんだんとおかしな具合になってきています。たとえば、新聞やテレビのニュースが毎日のように取り上げている食材の安全性。ＢＳＥ、偽装表示、環境ホルモン、農薬汚染……などが心配で、肉も魚も野菜も安心して口にできなくなりました。

それとともに私が憂えているのは、各家庭の食卓から「わが家の味」が消滅しつつあること。祖母から母へ、母から娘へと、代々その家に受け継がれてきたその家固有の味が、ほとんど見られなくなりました。どこのお宅にお邪魔してご馳走になっても、慣れた味、知っている味しか出てきません。抵抗なくいただけるけれども、「アッ、こんな味付けもあるんだ」とか「こんなに美味しいのは初めて」といった、思いがけない発見や感動がまるでなくなりました。

私が子供のころ、友だちの家でご馳走になった味噌汁が、自分の家の味と大きく違っていて、そのうえ何杯もお代わりしたいほど美味しいと、その家の子をとても羨《うらや》ましく思ったものです。ダシを引き、いくつかの異なる味噌を重ね合わせ、お椀の中で薫り立つように菜の刻み方を工夫して、ほかでは味わえない味噌汁を作ってくれた、その子のお母さんの真心が子供心にもそれとなく感じ取れたのでしょう。そういうお母さんを持つ友だちの家族のみんなも、なんとなく輝いて見えたのを覚えています。そんなふうな体験が、今の子供たちにあるでしょうか。

その逆の思い出もあります。私が五歳のころです。母親に連れられて泊りがけで行った家の夕餉《ゆうげ》に、えんどう豆を混ぜたご飯が出てきました。「今日、ウチの畑で採った豆だよ。たくさん食べなさい」。そういってくれたのに、私は一口食べて「もういらない」と箸を置いてしまいました。私の生家では、えんどう豆のご飯を一度も作ったことがないので、とれたての豆の青々とした匂いに怖れをなしたのです。そのとき、横から私を叱った母親の声はすぐに忘れてしまったのに、心を込めて一生懸命にえんどう豆ご飯を作ってくれたおばさんの悲しそうな顔は、今でもはっきりと目に浮かびます。今の子供たちに、そういう思い出はあるでしょうか。

食べ物を通して、子供たちが自分の家と他人の家の違いを知る。そんな些細なことが、実は、この世界が〈違いで成り立っている〉ことにだんだんと気付いて行くための、最初の一歩ではないでしょうか。それゆえ、私は「わが家の味」が消えていくことが残念でならないのです。

なぜ日本の家庭料理が、みんな同じような味になってしまったのでしょう。簡単に言うと、手間ひまをかけなくなったからです。「今夜は肉料理」と決めたら、スーパーで肉を買い、新聞広告やテレビ・コマーシャルで有名になっている（つまりどこの家でも使っている）調味料やソースで味付けして済ませているからです。スーパーで買った肉であっても下ごしらえにひと手間かけ、市販のソースであっても少し手を加えれば、多少なりとも「わが家の味」が創り出せると思うのですが。

でも、たいていの奥さんはこう言うでしょう。「そんなことをしなくても、売っているものので十分美味しいんだからいいじゃない」。本当に、美味しければいいのでしょうか。〈ほかと違う〉ことに誇りを持たない、価値を置かない、敬意を表さない……そんな風潮が、いつのまにか出来上がってしまいました。

「自分の味」にこだわるベルギーの醸造家

ベルギービールを造っている醸造家は、〈ほかとの違い〉を一番大切にしています。「ベルギーに同じ味のビールは二つとない」。ベルギービールの醸造所を訪ねると、行く先々で必ずそう言われます。ベルギーの醸造家も、日本のメーカーと同じように、流行やトレンドに敏感です。しかし、日本のように誰かがヒットさせた商品と瓜二つの商品を売り出すようなことをしません。

たとえば、ホワイトエールのフーハルデン・ヴィットビール Hoegaarden Witbier が一九六五年に発売されて大ヒットしたとき、それにあやかろうとしてホワイトエールの新しい銘柄が続々と生まれました。でも、味は全部違っています。使っている原料がほぼ同じで色や醸造方法も似ているけれども、味そのものについては、それぞれの醸造家の嗜好や感性の違いがはっきりとビールに現れています。

「確かにフーハルデンをモデル（お手本）にしているが、コピー（真似）はしていない。マイ・インタープリテーション（自分独自の解釈）が入っている」

と、彼等は言います。そして、「フーハルデンがホワイトエールという伝統的な市場を蘇《よみがえ》らせてくれた。その市場に、われわれが多様な味のホワイトエールを送りだして、消費者の選択の幅を広げた」とも。

よく日本ではフラームス・ヴィット Vlaamsch Wit やブロンシュ・ド・オネル Blanche de Honneles やブロンシュ・ド・ナミュール Blanche de Namur を「フーハルデン・タイプ」と呼んでいますが、ホワイトエールの醸造家は「フーハルデン・タイプ」というビールはないと言います。自分のビールがフーハルデンと比べられることも、ナンセンスだと思っています。

ローデンバフ・グランクリュ Rodenbach Grand Cru とペートリュス・アウト・ブライン Petrus Oud Bruin は同じフランダース・エイジドエール系のレッドエールです。でも味は、両者それぞれに際立った違いが見られます。

ローデンバフ醸造所は、西フランダース州のルーセラーレ Roeselare の町で一八三六年ころからレッドエールを造り始めました。一方、ペートリュスのバヴィーク醸造所は、同じく西フランダース州のバヴィークホーヴェの村で一八九四年から造っています。

両社がビールを造り始めた一八〇〇年代、フランダースの一帯で「ユイツェート」と呼ばれるビールが造られていました。「ユイツェート」は若いビールと熟成させたビールをブレンドし、再発酵させて造るビールを指しますが、その味は醸造家ごとに違っていました。ローデンバフもペートリュスも、その「ユイツェート」の流れを汲むビールで、どちらの醸造所も一〇〇年以上も昔の〈ウチの味〉を今日までしっかりと守り続けています。

ローデンバフ醸造所のあるルーセラーレとバヴィーク醸造所のあるバヴィークホーヴェの間は、クルマに乗って二〇分ほどの近い距離。ほとんど一緒と言ってもいいくらい同じ地域にあるビールですから、ベルギーの人たちはペートリュスを何かの拍子に「ローデンバフ・タイプ」と呼ぶこともあります。それに対して、ペートリュスを造っている醸造家は「ペートリュスをローデンバフ・タイプと言わないでほしい。ペートリュスは、ペートリュス。昔も今も、ペートリュスの味がローデンバフと同じだったことは一度もない」と抗議しています。彼は、祖先が連綿と受け継いできて、今、自分の代になって必死に守っている伝統の味を、ほかと一緒くたにされることをとても嫌っているのです。

ベルギービールは「スローフード」である

ベルギーの醸造家たちの「自分の味」へのこだわりは、一九八六年にイタリアで生まれた「スローフード」の考え方に非常によく似ています。スローフードというのは、簡単に言うと「土地土地の味を大切にしよう」「わが家の味を見直そう」「伝統の味を守ろう」という運動です。スローフード運動を推進している人々は、「〈世界中どこへ行っても同じ味〉は現代社会に侵食している病魔である」と言います。

イタリア語で書かれた「スローフード宣言」には、次のような主旨が書かれています。

「現代人はスピードと効率に縛られた結果、生活習慣が狂わされ、家庭のプライバシーが侵害され、ファストフードを食することを強いられている。つまり、われわれは〈ファストライフというウイルス〉に感染しているのだ。今こそ、われわれは滅亡の危機に繋がるスピードと効率の呪縛から自らを解き放たなければならない」

ベルギーの醸造家は、ますますスピードと効率が加速化する二一世紀になっても、そんなに急いでビールを造ろうとは考えていません。外国の大手メーカーがバイオリアクターという固定化酵母を用いてビールの製造時間を飛躍的に短縮する方式を開発したと聞いても、動揺するどころか関心さえ示しません。相変わらず、土地土地に伝わる伝統のレシピを受け継ぎ、先輩から教わった素材の扱い方、水の扱い方、火の扱い方、酵母菌の扱い方を守り、仕込みの最中に漂う匂いに鼻を集中し、発酵する音に耳を傾け、それこそ手塩にかけてビールを造っています。世界の多くのビールメーカーが熟成に一カ月もかけないで出荷しているのを知りながら、ベルギーの醸造家は、昔通りに、三カ月から四カ月、ところによっては二年も三年もの間、ゆっくりと熟成させてからでないと売りに出しません。これこそスローフードでなくて、何でしょうか。

ブリュッセルやアントヴェルペン（アントワープ）やブルッヘ（ブルージュ）やヘント（ゲント）の町でベルギービールを楽しむ人々も、見ていると実に「スローフードな飲み方」をしています。

第一に、二人とか三人が一緒にビールを飲むとき、面倒くさがって同じ銘柄を注文する光景はあまり見かけません。日本のように「じゃあ、僕も同じもの」とか「わたしも、それでいいワ」というセリフを、めったに聞くことがないのです。きちんと銘柄を伝えて、二人二様、三人三様のビールを楽しみます。

喉が渇いている人はフーハルデン・ヴィットビール Hoegaarden Witbier とかフラームス・ヴィット Vlaamsch Wit のようなホワイトエールを注文します。最近ではグリゼット・ブロンシュ Grisette Blanche という銘柄を頼む人も目についてきました。

ちょっとイライラしている人や気持ちが落ち込んでいる人は、カンティヨン Cantillon とかジラルダン Girardin のようなグーゼ・ランビックです。酸味が気分をサッパリと晴らしてくれることを経験的に知っているからでしょう。

一仕事を終えてリラックスしたい人は、デュヴェル Duvel やハプキン Hapkin のようなストロングゴールデンエールを選びます。新しい銘柄ではマルール10 Malheur 10 がなかなかの人気です。トラピストビールやアビイビールも、リラックスしたいときによく飲まれます。

ベルギーの人々が「スローフードな飲み方」をしている第二の理由は、運ばれてきたビールをイッキに飲み干してしまう人が、まず皆無なこと。もしも居たとしたら、それは日本人かドイツ人でしょう。

「スローフード」には、文字通り「ゆっくり食べる」という意味もあります。ベルギーの人たちは、一杯のビールを空けるのに、気の遠くなるほど時間をかけています。すぐにはグラスを口に運ばず、最初に香りをしっかりと楽しみます。そう、ワインを飲むときのようにです。ベルギービールは、ワインと同様に幾重にも重なった複雑な香りを備えているので、何度も何度もグラスを鼻に持っていかないと、その一つひとつを嗅ぎ分けることができません。若いカップルの中には、このときお互いにグラスを交換して、相手のビールの香りを一緒に楽しむ仲睦まじい光景も見られます。

いろいろな香りを楽しんだら、次にグラスに唇をそっとつけ、吸い込むようにしてビールを口の中に含みます。私たちのように、口に含んだらすぐ飲み込むようなことはしません。これも、ワインと同じです。舌でビールを転がし転がししながら、ビールに備わっている甘味、酸味、苦味が舌の上でまとまって、きれいな調和とコクを作り出すのをじっと待つわけです。口の中でビールがだんだんと温まるにつれて、鼻からは感じられなかった別の香りも姿を現してきます。それもまた、大きな楽しみの一つです。飲み込んだ後も、すぐには二口目に移らないで、しばらくの間、喉の奥に残る余韻に身を委ねます。

このような飲み方をしていると、たった一口のビールをお腹の中に入れるまでに三分や五分はすぐに経ってします。わざと時間をかけているのではありません。そうやってビールに備わっているすべての香りや味、醸造家が手塩にかけてビールに造り込めた香りや味をあますところなく楽しもうとしたら、結果として時間がかかってしまうのです。それは、けっして無意味な時間ではなく、心の中に昇華していく「至福のひととき」とも言えるでしょう。まさに模範とすべき「スローフードな飲み方」ではありませんか。

ベルギービールで料理を作る

◆ムール貝のグーゼ蒸し

ベルギービールは、ただそれだけを飲んでもとても美味しいのですが、昼食や夕食には食前酒、食中酒、食後酒として料理と一緒に楽しまれます。料理の中で、ベルギービール通の人なら誰でもまっ先に挙げるのが、ムール貝でしょう。私も、ベルギーに行くたびに欠かさずに食べるものの一つです。ただし、季節を選ばないといけません。

ムール貝は、七月の中ごろから翌年の三月一杯までがシーズンです。とくに美味しいムール貝を食べようとしたら、秋から年末にかけて行くに限ります。そのころのムール貝は、まるまると身が入っていて、ころんとした歯ごたえや舌に沁み入る旨味が格別です。私が二月に行ったときに食べたムール貝は、もう〈旬〉をだいぶ過ぎていて、貝そのものが薄っぺらになり、中から剥ぎ取った身も可哀想なほど小粒になっていました。

ベルギーには、ムール貝をグーゼ・ランビックというビールで蒸して食べる方法があります。白ワインで蒸す方法もありますが、両方を食べた結果、私の好みとしてはビール蒸しの方に軍配が上がります。これの調理の仕方については、家庭によって少しずつ違いがあり、カフェやレストランなどの店でもそれぞれ作り方にいくぶん差があるようです。

ブリュッセルの郊外スヘプダール Schepdaal という町にある、「イン・デ・ラーレ・フォス」In De Rare Vos というカフェの調理法をご紹介しましょう。

まず、大きな蓋つき鍋にバター五〇グラムを溶かし、小さく切ったエシャロット（またはタマネギ）とセロリを加えて、弱火で五分炒めます。続いて、この上にグーゼ・ランビック一本（三七五ミリリットル）全部をドバドバッと惜しみなく注ぎ込み、火を強くします。沸騰し始めたら、即座にムール貝（この場合は二キログラム）をガチャガチャガチャと入れ、ピッタリと蓋をして鍋を何回か揺さぶりながら五分から七分程度加熱し続けます。蓋を開けてみて、貝の口が開いていれば出来上がり。これで四人前です。つけ合わせには、ポムフリット（フライドポテト）が伝統的です。

右記のエシャロットとセロリに加えて、刻んだガーリックや粒のコリアンダーを入れる店いますあり、家庭で作るときは季節の香草や野菜をいろいろ取り合わせて、その家の味を出しています。

ブリュッセルのカフェやレストランなどで「ムール貝のグーゼ蒸し」（メニューにはMoules a la Gueuze と書いてあります）を注文すると、黒グロと光るムール貝が大きな鍋に山盛りになってドカーンと出てきます。その量たるや、「エッ、これで一人前!?　三人分じゃないの?」と、叫びたくなるほど。でも、殻がついているから、たくさんあるように見えるだけ。中身だけですと、そんなに量は多くありません。

「ムール貝のグーゼ蒸し」を食べるときは、まずグーゼ・ランビックを一口飲んで、口の中を浄《きよ》めます。それから、ムール貝の山を見渡し中身がなくなっている空の貝を一つ探します。それを右手に持ち、中身の詰まっている貝を左手に持ちます。そして、右手の貝の二枚の蓋で左手の貝の身を挟み、ちょっと力を入れて剥がし取ります。剥がし取ったら、口にポンと放り入れ、続いて左手の貝殻に残ったスープをすすり、一緒に噛みましょう。スープに溶けているバターやエシャロットやセロリの香りがムール貝の磯の香りと重なって、思わず「美味し～い!」と言っちゃいます。

噛んでいるうちにムール貝から塩味が出てきます。そうしたら、グーゼ・ランビックをすすり、貝の身と一緒に噛み合わせます。すると不思議なことに、ちょっと刺すような刺激のあった塩カドが取れて柔らかになり、甘味も加わって、旨味がグーンと強く現れてきます。貝の身を飲み込んでしまってからビールを口に入れても、この不思議な現象は起きません。あくまでも、貝とビールを一緒に噛む……。ビールの味と料理の味をマリアージュ（結婚）させて、第三の味を生み出すわけです。これを「口中調味」といいます。口中調味もまた、「スローフードな食卓」を楽しむうえで大切にしたいテクニックの一つです。

◆フランダース風ビーフシチュウ

ベルギーの西部に位置するフランドル地方には、やはりこの地方の伝統ビールであるオールドレッドやオールドブラウンを使う「カルボナード・フラマンド」Carbonade Flamandeという郷土料理があります。カルボナード・フラマンドは、フランダース風ビーフシチュウという意味で、どこの家でも自慢料理の一つに数えられ、祖母から母へ、母から娘へと、独特の味を伝えてきました。

東フランダース州アウデナールデの町にある「デ・マウテレイ」De Mouterijというカフェでは、古典的なオールドブラウンのリーフマンス・ハウデンバント Liefmans

Goudenbandを使ったカルボナード・フラマンドを客に出しています。そのレシピ（四人前）は、次のようなものです。

まず、エシャロット四本（なければタマネギ二個）をみじん切りにして、バター五〇グラムと一緒に鍋で炒めます。エシャロットに軽く火が通ったところで、四センチ角ほどの大きさに切った牛肉（九〇〇グラム）を入れ、焼き目がつくまでさらに五分程度炒め続けます。

牛肉に焼き目がついたら、塩、コショウ、コリアンダーの粉、タイムを加え、リーフマンス・ハウデンバント（二本程度）を肉が隠れるまで注ぎ込みます。これを火にかけて、弱火で一時間半煮込みます。

煮込み終えたら、穴のあいたオタマか取り箸で肉を全部鍋から引き上げ、皿に取り分けておきます。鍋に残ったソースは、いったん漉し器にかけてまた鍋に戻します。そのとき少量のソースを残し、小麦粉（大サジ二）と練り合わせた後、鍋の中のソースに溶かし込みます。それから火にかけ、焦げつかないようにかき回しながら、二分間ほど煮ます。

取り分けておいた肉をソースの中に戻して火をつけ、完全に温まったら皿に取り出します。付け合わせにポムフリット（フライドポテト）を載せて、出来上がりです。

お断りしておきますが、これはあくまでもカフェ「デ・マウテレイ」のレシピだということ。ベルギーでは「わが家の味・当店の味」にこだわりますから、カルボナード・フラマンド一つとって見ても、その家々、その店々でみんなレシピが違います。牛肉に脂身の少ないガモン（塩漬けハム）を加えたり、牛肉そのものも肩肉だとか、いやバラ肉がいいとか、いや肉でなければ……と、それぞれ好みがあります。調理の仕方も、前夜から肉をビールに漬けて仕込んでおいたり、フライパンを使って肉を炒めた後の肉汁にビールとルーを加えてソースを作ったり、肉の煮込みはガスレンジでなくオーブンで二〜三時間もかけたり……と、様々です。

もちろん使うビールも、リーフマンスばかりでなく、ベレヘムス・ブライン Bellegems Bruin のこともあれば、ローマン・アウデナールデ Roman Oudenaarde のこともあります。西フランダース州では、ローデンバフ・グランクリュ Rodenbach Grand Cru やペートリュス・アウト・ブライン Petrus Oud Bruin が使われたりします。いずれにしても、微妙なところで「わが家の味・当店の味」を自慢し、誇りにしていることに変わりはありません。

このカルボナード・フラマンドに合わせるビールは、当然、地元フランドルの伝統を継ぐフランダース・オールドレッドとか、フランダース・オールドブラウンでなければいけません。一般的には、料理に使った銘柄のビールを合わせます。前述のカフェ「デ・マウテレイ」ではリーフマンス・ハウデンバントでカルボナード・フラマンドを作っているので、この料理を注文するとビールはリーフマンス・ハウデンバントを勧められます。

じゃあ、違うビールと合わせるとどうなるのか。たとえばストロングゴールデンエールのデュヴェル Duvel やトラピストビールのヴェストマーレ・トリペル Westmalle Tripel を持ってくると、せっかくきれいにまとまっているカルボナード・フラマンドの味が、口の中でバラバラに分散されます。「口中調味」の結果、強いアルコールによって肉にしみ込んでいるソースやスパイスが洗い出され、肉が裸の味になってしまうからです。意地悪して、いい肉を使っているのかどうか調べるつもりなら、こういうビールの合わせ方もありますけれども。

料理に使ったビールと合わせる限り、ソースに備わっている香りや味がいっそう引き立ち、肉の味も薄まることがありません。そのうえ、フランダース・オールドレッドやオールドブラウンの特徴であるフルーティーな酸味が、料理の味を爽やかにし、後口をさっぱりとさせてくれます。ですから、ビールであれば何でもいい、というわけにはいきません。ビールと料理の伝統的な組み合わせには、ちゃんとした理由があるのです。

◆夏のデザート「サバイヨン」

ブリュッセルから東へ三五キロ、クルマで三〇分足らずのところに、現代ホワイトエール発祥の地・フーハルデン村があります。有名なフーハルデン・ヴィットビールHoegaarden Witbierは、この村で生まれました。そのフーハルデン・ビールを造っている醸造所の敷地内には「カウテルホフ」Kouterhofというカフェ・レストランがあって、しょっちゅう村の人たちで賑わっています。

ここのメニューの中では、フーハルデン・ヴィットビールを使った「海の幸スープ」Soupe de Poisson a la Blanche de Hoegaarden、フリュイ・デファンデュ（流通名＝禁断の果実）Fruit Defenduを使った「骨付き子羊肉のグリル」Cote d'agneau avec une sauce parfumee a la biere Fruit Defendu、それにフーハルデン・グランクリュ Hoegaarden Grand Cruを使った「サバイヨン」Sabayon a la biere Grand Cru de Hoegaardenが評判です。

「海の幸スープ」は、西海岸のゼーラントで捕れる、新鮮な鮃《ひらめ》、鱈《たら》、海老などを細切りにして、フーハルデン・ヴィットビールで煮込んだもの。もともと柔らかな味わいを特徴とする魚のスープを、これまた柔らかな味わいのホワイトエールで煮込むことによって、柔らかさがいっそう増すうえに、まろやかさと旨味のある味わいもつくり出されます。

「骨付き子羊肉のグリル」は、肉をフライパンで焼くとき、最後の焼き上がる寸前にフリュイ・デファンデュを肉の上から注ぎかけます。こうすることにより、肉の表面に香ばしいカラメルの膜ができ、肉そのものもビールによって柔らかくなるといいます。

「サバイヨン」は、ベルギーの夏に欠かせないデザートです。タマゴの黄身を泡立てるときに、フーハルデン・グランクリュと一緒に混ぜ合わせ、このビールが持つスパイシーな香りとピーチのようなフルーティーな香り、それからほのかな甘味を封じ込めます。これをアイスクリームにかけると、もう素晴らしいサバイヨンの出来上がり。

ベルギーでは、デザートにもビールを合わせることが珍しくありません。この「フーハルデン・グランクリュ・サバイヨン」には、フーハルデン・グランクリュが最適です。そのリキュールのような芳醇な旨さが、口の中でサバイヨンと溶け合って、うっとりする美味しさが生まれます。

◆ドリー・フォンテネンの「四色盛り合わせ」料理

私が今もって忘れられず、次にベルギーへ行くときにはもう一度訪ねたいと思うレストランがあります。それは、ランビック・ビールの醸造所ドリー・フォンテネン Drie Fonteinen に付属するレストランで、ブリュッセルの郊外ベールセル Beersel という町にあります。町といっても繁華街のようなところはなく、だいたいが緑と住宅地で成り立っている静閑としたところです。

ブリュッセルから「A７・E19」と表示された自動車専用国道（高速道路）を南下し（高速に乗るまでが混み合っていて大変ですが）、14番出口で降りて道なりにしばらく走ると、いきなり大きな十字路に出ます。と、目の前がドリー・フォンテネン。私はここのビールも大好きで、とくにアウデ・グーゼ Oude Geuze はいつ飲んでも絶品です。

ドリー・フォンテネンのレストランで出す料理の中で私の一番のお勧めは、ウサギ、七面鳥、豚、牛をそれぞれドリー・フォンテネンのグーゼ・ランビックで丁寧に煮込んで、一つの皿に盛り付けてある「四色盛り合わせ」です。それぞれの肉を一品ずつ取ることもできますが、それだと量が多くて四種類全部を食べきれません。「四色盛り合わせ」ですと、この店の肉料理を全部味わえる上に、量も日本人のお腹にはお誂《あつら》え向きです。ドリー・フォンテネンの「ドリー」はオランダ語で数字の〈三〉を意味しています。「三色盛り合わせ」にすれば、語呂合わせとしても気の利いたメニューになるでしょうに。

ウサギにかけてあるソースは黒くドロッとしていますが、クリーク・ランビックで作ったソースです。イタリアのイカ墨ソースを思い出しながら口に入れると、案に相違してさっぱりとした味わい。チェリーのフルーティーな香りが口に広がります。七面鳥には、炒めタマネギ、チーズ、エシャロットをグーゼで煮込んだソースがかかっています。豚肉には、炒めたタマネギと干しぶどうをグーゼで煮込んだソースがかかっていて、タマネギの甘さ、干しぶどうの甘さが、グーゼの酸味と調和して、うっとりする美味しさを作り出しています。牛肉にもタマネギをクリーク・ランビックで煮込んだブラウン色のソースがかかっています。一見したところビーフシチュウのようであるけれども、クリークの酸味のお陰でしつこい脂身もさっぱりと舌の上でとろけ、爽やかな甘味が感動的です。

◆ルーセラーレの「ローデンバフ料理」

次にご紹介するのは、以前、私が訳した『マイケル・ジャクソンの地ビールの世界――多彩な味わい、ベルギービール』（柴田書店、一九九五年）という本の中の一節です。ちょっと長くなりますが、機会があったら私もぜひ訪れてみたいと思っているレストランなので、ここに引用しておきます。著者のマイケル・ジャクソンが、西フランダース州ルーセラーレ

Roeselare の町にあるレストラン、「デン・ハセルト」Den Haselt で、ローデンバフ Rodenbach のビールを使った料理を食べたときの印象です。

「コースの始まりは、まず『アペリティフ・グランクリュ』というカクテル。これは、『ローデンバッハ・グランクリュ』九〇パーセントにアメール・ピコンとクレーム・ド・カシスをミックスした飲み物です。前菜は『アレキサンダー・ローデンバッハ』でマリネした牡蠣《かき》。続いて『ローデンバッハ・レギュラー』でつくった車海老のスープ。次が『アレキサンダー』と蜂蜜で香りをつけたチェリー・シロップのかかった野兎のパテ。『ローデンバッハ・レギュラー』を飲みながら食べるリンゴ添えフォワグラ。そして『グランクリュ』を飲みながらセロリ添えの魚料理。再び野兎とラングスティーヌ（北大西洋産ロブスター）が出てきて、これは『アレキサンダー』を飲みながら食べます。最後は『アレキサンダー』でつくったシャーベットと、サバイヨン・クリームのかかったカスタード・プディング。むろんカスタードは『レギュラー』で香りがつけられ、サバイヨンも白ぶどう酒の代わりに『グランクリュ』を使って卵を泡立てるという徹底した凝りようです。別の機会にここを訪れたときは、『グランクリュ』とアーモンドの入ったパンに、『アレキサンダー』で香りづけしたパッションフルーツのメレンゲが出てきました」

日本にも「タケノコづくし」とか「豆腐づくし」といった料理を食べさせる店があります。出てくる料理が最後までタケノコばかり、豆腐ばかりです。いくら美味しくとも、途中から「もう、いいや」という感じ。話の種には面白いかもしれませんが、私なんぞ誘われても、二度目は積極的に行こうと思いません。

ベルギーでは、食材は違えども、どの料理もすべて一つの銘柄のビールで調理することがよくあります。同じ銘柄といってもビールのヴァリエーションを使い分けて香りや味に変化を持たせているので、食べる人は最後まで飽きません。この「ローデンバッハ料理」、読んでいるだけで美味しそうで、生つばが湧いてきますね。こんなに楽しい料理を食べられるルーセラーレの町の人たちが羨ましい。一度食べた人はきっと病みつきになって、何度も何度も通っているに違いありません。

ところで、文中に『アレキサンダー』というビールが何度も出てきますが、残念ながらローデンバフ醸造所では、このビールの製造を中止しました。アレキサンダーを使っていた「牡蠣のマリネ」や「野兎のパテ」や「シャーベット」や「メレンゲ」は、その後どうなったのでしょう。とても気になります。

家庭料理とのマリアージュ

　さて、ベルギービールを料理に合わせるとき、どの料理にどんな銘柄を持ってきたらいいのでしょうか。ベルギーを旅行しているなら、入ったカフェやレストランで聞くのが一番です。お腹が空いている場合は、まず料理を決めます。そのとき、頼んだ料理にお勧めのビールは何かを尋ね、それを持ってきてもらうとまず外れがありません。お店の人は、自分のところの料理を美味しく食べてもらえるならと、喜んで教えてくれます。

　お腹がそれほど空いてなくて、ビールを楽しみたい。そういう場合は、まずビールを決め、それからビールに合う軽い料理を取るといいでしょう。たとえば、ブラッド・ソーセージ、アスパラガスの塩コショウ炒め、ホップ・シュート（若芽）添えポーチドエッグ、ニシンの酢漬け、トラピストチーズ……など。これについても、ビールを注文するときにお店の人に聞くと教えてくれます。何も食べたくないときは、ビールだけ注文しても誰も文句を言いません。

日本にいて、しかも自宅で、ベルギービールと料理を合わせるには、どうしたらいいか。普段、私たちが家庭で食べている料理をベルギービールで楽しむことができたら、とてもリッチな気分になります。「スローフードな食卓」という言葉にピッタリです。

そこで、私がいろいろ試した中から、お勧めできる組み合わせをここにご紹介しましょう。いわば、「ベルギービールと料理のマリアージュ・日本版」です。

●野菜スープ……アウデ・グーゼ・ボーン Oude Geuze Boon　カンティヨン・グーゼ・ランビック Cantillon Gueuze Lambic　ドリー・フォンテネン・グーゼ Drie Fonteinen Geuze　グーゼ・ジラルダン Gueuze Girardin　モール・シュビト・グーゼ・ランビック Mort Subite Gueuze Lambic　サン・ルイ・グーゼ St. Louis Gueuze　ティンメルマンス・グーゼ・ランビック Timmermans Geuze Lambic

●魚の塩焼き……ブロンシュ・ド・ブリューノー・ビオロジク Blanche de Brunehaut Biologique　ブロンシュ・デ・オネル Blanche des Honneles　ブルフス・タルヴェビール Brugs Tarwebier　フロリスハルデン・ヴィットビール Florisgaarden Witbier

グリゼット・ブロンシュ Grisette Blanche　フーハルデン・ヴィットビール Hoegaarden Witbier　マルール4 Malheur 4　ティチェ・ブロンシュ Titje Blanche　フラームス・ヴィット Vlaamsch Wit

●うなぎの蒲焼き……ペートリュス・アウト・ブライン Petrus Oud Bruin　ローデンバフ・クラシーク Rodenbach Classic　ローデンバフ・グランクリュ Rodenbach Grand Cru　リーフマンス・ハウデンバント Liefmans Goudenband　ウールビール Oerbier

●魚の刺身……セゾン・デュポン・ビオロジク Saison Dupont Biologique　セゾン・デュポン・ヴィエイユ・プロヴィシオン Saison Dupont Vieille Provision　セゾン・デポートル Saison d'Epeautre　セゾン・ピペ Saison Pipaix　セゾン・レギャル Saison Regal　セゾン・ド・シリー Saison de Silly

●てんぷら……アウデ・グーゼ・ボーン Oude Geuze Boon　カンティヨン・グーゼ・ランビック Cantillon Gueuze Lambic　ドリー・フォンテネン・グーゼ Drie Fonteinen Geuze　グーゼ・ジラルダン Gueuze Girardin　モール・シュビト・グーゼ・ランビック Mort Subite Gueuze Lambic　サン・ルイ・グーゼ St. Louis Gueuze　ティンメル

マンス・グーゼ・ランビック Timmermans Geuze Lambic

●**魚の寄せ鍋**……バンショワーズ・ブロンド Binchoise Blonde　ブリュノー・ヴィラージュ・ブロンド Brunehaut Villages Blonde　グリゼット・ブロンド Grisette Blonde

●**牛すき焼き**……ブリューゲル・アンバーエール Bruegel Amber Ale　パッセンダーレ Passendale　ペートリュス・アウト・ブライン Petrus Oud Bruin　ローデンバフ・クラシーク Rodenbach Classic　ローデンバフ・グランクリュ Rodenbach Grand Cru　リーフマンス・ハウデンバント Liefmans Goudenband　ウールビール Oerbier　オルヴァル Orval

●**ビーフシチュウ**……ペートリュス・アウト・ブライン Petrus Oud Bruin　ローデンバフ・クラシーク Rodenbach Classic　ローデンバフ・グランクリュ Rodenbach Grand Cru　リーフマンス・ハウデンバント Liefmans Goudenband　ウールビール Oerbier

●**トンカツ**……ダルビィスト Darbyste　ラ・シュフ La Chouffe　ヴァプール・コションヌ Vapeur Cochonne　フロリスハルデン・ヴィットビール Florisgaarden Witbier　グリゼット・ブロンシュ Grisette Blanche　フーハルデン・ヴィットビール

Hoegaarden Witbier　ヴァプール・アン・フォリ Vapeur en Folie　オルヴァル Orval

●シュウマイ……ブリューノー・トラディシオン・アンブレ Brunehaut Tradition Ambree　カラコル・アンブレ Caracole Ambree　グリゼット・アンブレ Grisette Ambree

●ギョーザ……デリリウム・トレメンス Delirium Tremens　ユダス Judas　デュヴェル Duvel　マルール10 Malheur 10

●チャーシュー（焼豚）……ビエール・ド・ミエル Biere de Miel　ビエール・デ・ウルス Biere des Ours　カラコル・オー・ミエル Caracole au Miel　フロリス・ハニー Floris Honey

●スパゲッティ（ミートソース）……ペートリュス・アウト・ブライン Petrus Oud Bruin　ローデンバフ・クラシーク Rodenbach Classic　ローデンバフ・グランクリュ Rodenbach Grand Cru　リーフマンス・ハウデンバント Liefmans Goudenband　ウールビール Oerbier

●スパゲッティ（ボンゴレ）……ブロンシュ・ド・ブリューノー・ビオロジク Blanche de Brunehaut Biologique　ブロンシュ・デ・オネル Blanche des Honneles　ブルフス・

タルヴェビール Brugs Tarwebier　フロリスハルデン・ヴィットビール Florisgaarden Witbier　グリゼット・ブロンシュ Grisette Blanche　フーハルデン・ヴィットビール Hoegaarden Witbier　マルール4 Malheur 4　ティチェ・ブロンシュ Titje Blanche　フラームス・ヴィット Vlaamsch Wit　オルヴァル Orval

●**スパゲッティ（野菜）**……ダルビィスト Darbyste　ラ・シュフ La Chouffe　ヴァプール・コションヌ Vapeur Cochonne　フロリスハールデン・ヴィットビール Florisgaarden Witbier　グリゼット・ブロンシュ Grisette Blanche　フーハルデン・ヴィットビール Hoegaarden Witbier　ヴァプール・アン・フォリ Vapeur en Folie

●**チョコレートケーキ**……シメイ・ブルー Chimay Bleue　ヴェストマーレ・デュッベル Westmalle Dubbel　オウギュスティン・グランクリュ Augustijn Grand Cru　グリムベルヘン・デュッベル Grimbergen Dubbel　レフ・ラディウス Leffe Radieuse　マレッツ8 Maredsous 8

●**フルーツケーキ**……ベルビュウ・クリーク Belle Vue Kriek　ベルビュウ・フランボワーズ Belle Vue Framboise　ボーン・クリーク Boon Kriek　ボーン・フランボワーズ Boon Framboise　カンティヨン・クリーク・ランビック Cantillon Kriek Lambic　カ

ンティヨン・ロゼ・ド・ガンブリヌスCantillon Rose de Gambrinus　ジラルダン・クリークGirardin Kriek　モール・シュビト・カシスMort Subite Cassis　リンデマンス・ティービアLindemans Tea Beer　リンデマンス・カシスLindemans Cassis　リーフマンス・フランボーゼンビールLiefmans Framboozenbier　サン・ルイ・ペーシュ・ランビックSt. Louis Peche Lambic

「どこへ行っても同じ味」から抜け出す

俗に、「肉には赤ワイン、魚には白ワイン」と言われます。選択基準とすればあまりにも大雑把過ぎる言い方なので、昔はともかく今どきこんなことを言うとワイン通の人やソムリエさんに笑われますが、ベルギービールと料理を合わせる場合は、大いに参考になります。

ベルギー北部地域、つまりフランデレンのビールは一般的に、酸味もしくは麦芽風味に富んでいるものが多く、したがって肉系の料理に合う確率が高いと言えます。一方、南部地域ワロニーのビールには、スパイシーな風味を持ち、口当たりも比較的さっぱりとしたものが多いので、魚系の料理に合う確率が高いと言えるでしょう。ですから、料理に合わせるビールの選択に迷ったときは、「肉料理にはフランデレンの濃色ビール、魚料理にはワロニーの淡色ビール」と覚えておくと、そんなに大きな間違いを犯さずに済みます。

何度も言うように、ベルギービールの味は銘柄ごとに違いますから、ビールの銘柄を変えると料理の味わいも違ってきます。この章の冒頭で、私は「どこの家庭も料理の味が同じになってしまった」と書きました。でも、ベルギービールを上手に使うと、各家庭の味に多少は変化を持たせることができるかもしれません。

たとえば、今夜はスパゲッティを食べるとして、ミートソースはスーパーで買ったもので済ませるとしましょうか。試しに、ペートリュス・アウト・ブライン Petrus Oud Bruin、ローデンバフ・クラシーク Rodenbach Classic、ローデンバフ・グランクリュ Rodenbach Grand Cru、リーフマンス・ハウデンバント Liefmans Goudenband、ウールビール Oerbier の中のどれか一つのビールを合わせてみてください。いつもと味が違うことに気がつくはずです。そうやって、いくつかの銘柄のビールを試しているうちに、「これをわが家の〈スパゲッティ・ミートソース用定番ビール〉にしたい」と思うものが、きっと見つかるに違いありません。言うまでもありませんが、ソースを温めるときビールを少量加えることもお忘れなく。そうしたら、テレビ・コマーシャルで日本中に知られているミートソースを使ったスパゲッティを食べるとしても、お隣の家のスパゲッティとはひと味もふた味も違う「わが家風スパゲッティ」を堪能できるのです。「スローフードな食卓」に一歩か二歩、近付くことができるわけです。

口中調味とベルギービール

これまで私は、「ビールと料理を合わせる」という言葉を使ってきました。〈合う〉とか〈合わない〉、つまり〈相性の良し・悪し〉は、どうやって見分けるのでしょうか。それを明らかにしておかないと、ビールを試したときに、それで正解なのかどうか判断がつきません。ビールと料理が合っているかどうかを見分けるには、次のようなテスト法があります。

1、料理を口に含み、二〜三回噛む。
2、料理の香りと味の特徴をつかむ。
3、ビールを少量口に入れ、料理と一緒に噛みながら味わう。そのとき、料理の香りと味の変化を見る。

イ　食材や調味材の香り……引き立つ＝○　変わらない＝×

ロ　塩味……和らぐ＝○　カドが出る／濁る＝×

ハ　甘味……引き立つ／和らぐ／ツヤが出る＝○　濁る／嫌みになる＝×

ニ　酸味……引き立つ／和らぐ＝○　カドが出る／濁る／嫌みになる＝×

ホ　苦味……和らぐ／心地よくなる＝○　濁る／執拗になる＝×

ヘ　渋味……軽くなる＝○　重くなる＝×

ト　旨味……引き立つ＝○　変わらない＝×

チ　油の香り……引き立つ＝○　くどくなる＝×

リ　とろみ……舌に心地よくなる＝○　重みになる＝×

4、ビールの香りと料理の香りの調和を見る……きれいに響き合う＝○　バラバラになる＝×

5、一緒に噛んでいたビールと料理を飲み込む……後口に楽しい余韻が残る＝○　後口がなんとなく気持ち悪い＝×

以上のテストで、〈○〉の数が多いビールほど「その料理と相性の良いビール」、〈×〉が多くなるほど「相性の悪いビール」ということになります。

このテストで大切なことは、〈ビールと料理を一緒に噛む〉ことです。これを「口中調味」と言います。相性の良いビールであれば、料理が持っている香りや味、それから料理に隠れている香りや味が、心地よく強化されます。

ビールに備わっている適度の酸味は、料理の塩味からカドを取り去り、舌に心地よく和らげます。ビールの苦味はまた、料理の甘味をさっぱりとさせ、同時に食材の旨味を引き立てます。ビールの軽い甘味は、魚介類の内臓、それから野菜や山菜にもよく見られる渋味やエグ味を軽くしてくれます。ビールのフルーティーな香りは、料理の酸味にツヤを与えます。ビールのスパイシーな香りは、料理の甘味にまるみをもたらします。こうした効果を「ビールと料理のシナジーリアクション（相乗効果）」と呼び、ビールと料理を一緒に噛む「口中調味」によっていっそう遺憾なく発揮されます。

ワインにも、酸味、甘味、それからフルーティーな香りや、スパイシーな香りがあります。が、苦味についてはワインからほとんど感じられません。その点から見ると、ビールの方が「口中調味」に向いているお酒と言えそうです。

そしてビールの中でも、酸味のヴァラエティーが豊かなのは、ベルギービールをほかにおいて世界のどこにもありません。ベルギービールほど料理を楽しむのに相応《ふさわ》しいお酒はないと言ったら、あまりにも手前味噌に聞こえるでしょうか。

Ⅳ　ビア・カフェを愉しむ

国民三四〇人に一店の割合

この章では、これからベルギーを旅行する方々がビア・カフェを楽しむうえで、少しでも役立つような話を中心に書いていきたいと思います。

ベルギーにはお酒を飲ませる店が四種類ほどあります。それらは、カフェ、タヴェルン（タヴァン）、パブ、バーなどと呼ばれていますが、その定義はあまりはっきりとはしていません。強いて言うと、カフェはもっぱらビールだけを飲ませる店。タヴェルンはいわゆる居酒屋でビールのほかにワインやウィスキーなどいろいろな酒を置いています。パブはビール中心だけれどもワインやウィスキーも飲ませる英国風の酒場。バーはウィスキーやウオッカなどのハードリカーが中心で、ビールも置いているけれどもピルスナー系が主流です。

その中でもビア・カフェは、ベルギーの中年以上の人たちにとって生活の一部のようなもの。誰かと話したくなったら、電話ではなくカフェに直行します。とくに約束していなくても、いつものカフェに行くと、きまって二人や三人の顔見知りがいるからです。

ちょうど英国のパブのように、常連にとってはわが家みたいにアットホームに過ごせるところですが、初めてカフェを体験する旅行者にとっては、いささか敷居が高い。私も一九七五年に初めてベルギーを旅行したときは、四歳の息子を伴っていたこともあって、カフェの前まで行っても入る勇気が湧かず、レストランでビールを飲んで我慢していました。慣れてみると、どうってことないのに。

一九九四年の調べでは（データが古くてゴメンナサイ）、ベルギー全土に二万九六六〇店ものカフェが営業していると記されています。これは、国民三四〇人にほぼ一店の割合。ということは、どんなに小さな村でも、カフェが必ず一店あるという計算になります（鉄道の通っている村なら、たいてい駅の中にカフェがあります）。ちょっとした都市なら、一キロ四方に二店や三店のカフェがあるわけで、土地カンのない人でもぶらぶら歩いていると、どこかのカフェに行き着くというわけです。ただし、時間を選ばないといけません。時間によっては、まだオープンしていない店があります。定休日も店によってバラバラです（街中のカフェは火曜日と水曜日、学生の多いところでは土曜日と日曜日に休む店が比較的多いようです）。

店を開ける時間は、どこもまちまちです。朝一〇時からのところもあれば、一一時のところもあります。正午から始める店もあります。たまに午前九時開店などという会社の始業時間なみの店もあり、こんなに早朝からどういう人がビールを飲みにくるんだろうと、余計なことですが気になります。たぶん、リタイアしたお年寄りの多い界隈のカフェなんでしょう。そうかと思うと、午後四時とか夕方の五時を回らないと開店しない店もあります。午後二時から四時までは休憩というところもあります。確実を期すためには、前もってお目当てのカフェの営業時間を調べておくに限ります。

とはいうものの、それでもまだ百パーセント安心はできません。季節ごとに時間を変えるのがこちらの習慣ですし、店のオーナーの気分次第で時間になっても開けないことがよくあるからです。そういう場合でも、夜の七時過ぎならまず九分九厘やっているので、そのころをめがけて行くのが一番安全でしょう。

閉店時間についても、ガイドブックに書かれている通りとは限りません。たとえば、朝の六時までとなっていても、その日の売り上げが目標に達したらさっさと閉めてしまいます。その辺をベルギーの人たちは心得ていて、私の友人も「開店時間や閉店時間が書いてあっても、店の決まりとは受け取らない方がいい。そこのオーナーが、だいたいそのくらいの時間に店を開けたり閉めたりできればいいと考えているだけのこと」と、教えてくれました。

一〇〇〇種類を超えるビールを置くカフェも

最近は、幼い子供を連れてベルギーを旅行する人も多く見られるようになりました。せっかく来たんだからカフェでも……という気持ちは分かりますが、一六歳未満は親が一緒でもダメという店がほとんどです。でも、ガッカリすることはありません。どうしても子供連れでカフェに入りたいという人は、週末に地方の小さな町（ブリュッセルなら郊外の町）に宿を取り、その宿がやっているカフェか、宿の近くのカフェと交渉してみてください。たいていの場合、オーケーです。

地方の町のカフェには、週末だけ訪れる家族客を目当てに店を開けているところがたくさんあります。一家総出で訪れる家族も少なくないので、週末は未成年や幼い子供を閉め出しにくいわけです。ただし、子供が泣いたり走り回ったりして他の客の迷惑になると、ただちに店から追い出されます。また、夜の九時以降は、カフェはもとよりレストランであっても、子供連れの入店が断られることを知っておきましょう。

カフェに入ったら、店の人の案内にしたがってテーブルにつくのがマナーです。空いている席を自分で探して座ったりすると、いつまでたっても注文を取りにきてくれません。カフェにはテーブル席がたくさんあるので、週末の真夜中近い時間でもなければ必ず座れますから、なにも慌てることはないのです。ときには、バーカウンターに椅子があるだけで、そこが満席になると立って飲まなければならない店もあります。しかし、そういう店は伝統的なカフェではなく、パブとかバーと呼ばれている店で、ビールのほかにウィスキーなどのハードリカーやコーヒーも出しています。

どこのカフェにも、必ずビア・リストが用意されています。それを見ながら、これまで飲んだことのないビールの名前を探し出して注文するのもよし、日本でよく飲むビールがベルギーではどんな味がするか試すのも一興です。一番よくないのは「ビールをください」と頼むこと。きちんと銘柄を伝えないと、店の人が困ります（ちなみに、ビア・リストに記されている値段はすべてサービス料込みなので、店を出るときにあらためてチップを置く必要はありません）。

ベルギーのカフェでは、いったいどれくらいの種類のビールを置いているのでしょうか。その数は店によって違います。どんなに小さなカフェでも、四〇ないし五〇種類は欠かしません。ちょっとした規模の店では二〇〇から三〇〇種類のビールをストックしています。

私の知る限り、最大の数を誇るのがリエージュ Liege という町にあるル・ヴォードレー Le Vaudree と、その姉妹店ル・ヴォードレー2 Le Vaudree Deux というカフェ。この二店のビア・リストには、一〇〇〇種類を超すビールの名前がずらっと並んでいます。二番目は、ブリュッセルの中心から外れたシント・ヒリス区にある「シェ・ムーデル・ランビック」シント・ヒリス店 Chez Moeder Lambic St. Gillis でしょうか。ビア・リストには八〇〇種類が記されています。

ニューウェーヴのドラフト（樽入り）

最近は、どこのカフェでもボトル入りのビールに加えてドラフト・ビールを置くようになりました。「ドラフト」というのは、日本で言う「樽生」のようなもので、バーカウンターに立っているタッパーからグラスに注いで客のテーブルに持ってきます。ボトルに入ったビールがベルギービールの伝統的なカタチであるとすれば、ドラフトはニューウェーヴといえるでしょう。

私の多少偏見に捕われた言い方を許してもらえるなら、ドラフトはベルギービールの本来的な風味に少々欠けているような気がします。ベルギービールのあの醍醐味はボトルコンディション（ビン内熟成）によってつくられていると、私は思うからです。もちろんベルギーのボトル入りビールのすべてが、ボトルコンディションされているわけではありません。

たとえば、有名なデ・コーニンク De Koninck とかローデンバフ・グランクリュ Rodenbach Grand Cru などは、熱処理したビールがビンに詰められているから、ボトルコンディションとは違います。ピルスナー系のラガー・ビールも違います。

しかし、一五〇〇種類を超すベルギービールの大多数は、ボトルコンディションもしくはそれに準じた方法でボトリングされています。そのお陰で、幾重にも折り重なった複雑で魅力的な香りと味わいが生み出され、賞味期限が切れても劣化するどころかますます風味に磨きがかかるのです。ベルギービールにとって、ボトルはビールを輸送したり保管したりするための容器であるばかりでなく、〈熟成〉というビール造りの最終プロセスに関わるすこぶる重要な器具なのです。

とはいうものの、時代の流れには逆らえません。ベルギーでも、フレッシュで爽やかなビールが好んで飲まれるようになってきました。とくに若い人たちは、ボトルコンディションがもたらす馥郁《ふくいく》とした風味やまろやかな口当たりよりも、シンプルでさらっとした味わいに引かれるようです。「ドラフト」は、そうした嗜好の変化に沿って一〇年ほど前から増え始め、今ではベルギーのたいていのカフェに置かれるようになってきています。

ドラフト・ビールは、なんといっても鮮度が命ですから、できるだけ造り立てのものを飲むに限ります。ですから、カフェでドラフトを楽しみたいときは、銘柄にこだわらずに、そのカフェがある町で造られているビール（または近隣の町で造られているビール）を注文することをお勧めします。そうすると、出来立ての新鮮なビールに当たる確率が高いからです。

さて、以上でベルギーのビア・カフェに関する概要がお分かりいただけたと思います。

それでは、日本人が一番多く訪れる四つの都市、アントヴェルペン、ブルッヘ、ヘント、ブリュッセルのカフェをいくつかご紹介することにしましょう。

アントヴェルペンのビア・カフェ

オランダ語でアントヴェルペン Antwerpen またはアントウェルペン、フランス語でアンヴェール Anvers。日本人に知られているアントワープ Antwerp は英語です。そもそも、この町の名前はオランダ語の「ハント Hand（手）ヴェルペン Werpen（投げる）」に由来します。

　この町にはスヘルデという大きな河が流れていて、ローマ時代から船が行き来していました。伝説によれば、アンチゴノスという乱暴な巨人がいて船をたびたび襲ったので、後に初代ブラーバント侯爵となる青年ブラボーがアンチゴノスを退治し、その手を切り取ってスヘルデ河に投げ込んだといわれています。「手を投げる」を意味するハント・ヴェルペンが訛《なま》ってアントヴェルペンと呼ばれるようになったわけですから、英語読みの「アントワープ」では伝説の面白さが伝わりません。

　アントヴェルペンは、ブリュッセルに次ぐベルギーで二番目に大きな都市です。人口、約四七万五〇〇〇人。ライン河、ドナウ河と並ぶ西ヨーロッパ三大河川の一つであるスヘルデ河の河口近くに位置し、古くから交易の町として栄えてきました。現在でもダイヤモンドの加工地として栄え、世界各地から多数の宝石商が訪れます。また、最近ではパリと並ぶファッションの町として注目を浴び、いろいろな国からやってきたデザイナーの卵たちがここで学んでいます。

　ビールを飲みにアントヴェルペンへ行くには、ブリュッセルから列車を利用するとよいでしょう。クルマだと街中で渋滞に巻き込まれて動きがとれなくなりますし、駐車場はいつも満車状態で、路上で止めようにもスペースを見つけるのに難儀します。列車なら、ブリュッセル・セントラル駅からアントヴェルペン・セントラル駅まで急行でたった四二分しかかかりません。朝一〇時にゆっくりブリュッセルを発っても、一一時前にはもうアントヴェルペンの中心街にいます。ビア・カフェを三、四軒ハシゴしたうえに、ショッピングしたり、美術館をあちこち巡り歩いても、その日の夕方にはブリュッセルに帰り着くことができます。

ルーベンスの絵画を鑑賞しカフェでひと休み

ビールを楽しむにも、美術館を巡るにも、地図があると便利でしょう。そこで、ツーリスト・オフィスに行って地図を手に入れます。ツーリスト・オフィスは旧市街のフローテ・マルクト Grote Markt（大市場）広場にあるので、駅から西の方角に向かってデ・ケイセルレイ De Keyserlei と、その先に続くメイル Meir という名前の大通りを進みます。ウインドウ・ショッピングをしながら一〇分ほど歩くと、やがてY字路に突き当たります。右手のエイエルマルクト Eiermarkt 通りに入ると、前方にベルギー最大のゴシック建築「聖母マリア大聖堂」が見えてきます（ここで一七世紀の画家ルーベンスの傑作「十字架降下」「聖母被昇

天」が見られる)。この大聖堂の向こう側が、目指すフローテ・マルクト。ツーリスト・オフィスは大聖堂側からフローテ・マルクトへ入って右正面、建物の窓にかかる日除けテントに、青地に白抜き文字で「i」のマークが書いてあるのですぐに分かります。

ツーリスト・オフィスでは詳細な地図を綴《と》じ込んだ観光パンフレットをくれます。ただし、これにはカフェの情報が記載されていないので、カフェの住所と地図に載っている通りの名前を突き合わせる必要があります。

カフェ巡りをフローテ・マルクトから始めるとすれば、この広場の三番地にある「デン・エンゲル」Den Engel(天使)が至近距離です〈**地図❶**〉。店内は、鏡を張った壁に大理石のテーブルという豪華なしつらえ。とはいえ、お客は若い人たちが多く、一人でぶらっと入っても緊張せずにビールを楽しめます。

フローテ・マルクトから歩いて最も近いカフェは、大聖堂の北側の通りブラウムーゼルストラート Blauwmoezelstraat にある「パーテルス・ヴァーチェ」Paters' Vaetje（司祭たちの酒樽）です〈**地図❷**〉。ストックされているベルギービールの銘柄数はおよそ一〇〇種類。夏になると月曜日の夕方と金曜日の正午に、店内でカリオン（鐘）のコンサートが行われます。料理は一切出していませんが、大聖堂でルーベンスの絵画を鑑賞後、ひと休みするのには最適のロケーションです。営業時間は朝一一時～翌朝三時（土・日は翌朝五時まで）。

カフェ独特のブレンド・ビール

フローテ・マルクトから南西方向に延びる歩行者天国ホーフストラート Hoogstraat を三ブロック下ると、フラスマルクト Vlasmarkt と、レインデルスストラート Reyndersstraat という通りに交差します。右へ曲がるとフラスマルクト通り、左がレインデルスストラートです。右のフラスマルクト通り一三番地にあるのが、「スタミネーケ」Stamineeke（小酒場）という名前のカフェ〈**地図❸**〉。店の天井にかかった梁や重厚な壁装飾は、およそ二〇〇年前に造られたものとか。階段を昇るとグラグラと揺れて、いかにも歴史の古さが感じられます。ビールの銘柄は一二〇種類以上。料理はスナック程度のものしかありません。開店時間は午後四時から（週末は午後二時から）、火曜日は定休。このフラスマルクト通りには、もう一つ「ローデン・コーニンク」Rooden Coninck（赤い王様）というカフェもあります〈**地図❹**〉。

先のホーフストラート通りから左に曲がったレインデルスストラート一八番地には、「フローテ・ヴィッテ・アーレント」Grote Witte Arend（大白鷲）という名前のカフェがあります〈**地図❺**〉。ここで飲めるビールの数は四〇種類ほどしかありませんが、ホワイトエールとペールエールをブレンドし、さらにチェリーとリンゴを浸して香りをつけた面白いハウス・ビールを体験できます。営業時間は朝一一時から夜一一時（週末は深夜二時）。定休日は火曜と水曜です。ちなみに「フローテ・ヴィッテ・アーレント」のすぐ側に、ベルギー特産のジンやリキュールを専門に飲ませる「ヘルク」Herkというバーがありますから、ビールに飽きたら入ってみてはいかがでしょう。

「フローテ・ヴィッテ・アーレント」を出てレインデルスストラートを東方向に少し歩くと、

カンメンストラート Kammenstraat という通りに出ます。これを四、五分歩いていると、通りの名前がフレミンクフェルト Vleminckveld 通りに変わり、やがて右手に「クルミナトール」Kulminator（絶頂。カソリックでは〝神〟を指す）というカフェが見えてきます〈**地図❻**〉。

ここは、世界で最も有名なカフェの一つに数えられ、常時ストックされているビールの種類は約五〇〇。そのうち二〇〇種類は十数年にわたり長期熟成させたビールです。なかには、なんと三〇年近くも寝かせておいたものもあるそうですから、年代物のベルギービールを試飲したい人には絶好のカフェです。

オーナーのポリシーは「ドラフト・ピルスナー、グレナディン（ザクロ・シロップ）、ハードリカーの三つを絶対扱わない」とのこと。テーブルの上には花を欠かさず、クラシック音楽がいつもかかっています。店の奥に、昔のグラスや宣伝チラシとかコースターのコレクションを飾ったビールの貯蔵庫があります。営業時間は、月曜が夜八時半から翌朝三時、火曜～金曜が正午から翌朝三時、土曜は夕方五時から翌朝三時、日曜は定休日です。

ベルギー最古のカフェ「クインテン・マトサイス」

アントヴェルペンに行ったら、地元のビール「デ・コーニンク」De Koninck を飲ませるカフェを素通りできません。その店の名前は、「クインテン・マトサイス」Quinten Matsijs（一六世紀に活躍したフランドルの画家の名前）といいます。ここに行くには、フローテ・マルクトのツーリスト・オフィスに向かって右手のカース Kaas 通りを二ブロック進み、そこでぶつかったクーポールトストラート Koepoortstraat を左に曲がります。「クインテン・マトサイス」は、その通りの中ほどを右に曲がったモリアーンストラート Moriaanstraat 一七番地にあります〈**地図❼**〉。

「クインテン・マトサイス」は現存するベルギー最古のカフェといわれ、店名の由来となった画家マトサイスの死から三五年後の一五六五年に建てられました。今でも当時の姿をほとんどそのままの状態で保存していますから、建物だけでも一見の価値があります。

店の中には、皿を穴の中に投げ入れて遊ぶトムというゲームの道具があり、これは三〇〇年前から伝わるもの。ビールはもちろん「デ・コーニンク」のドラフト（樽入り）。料理はプラム添え野兎、ヘゾデン・ヴォルスト Gezoden Worst といぅアントヴェルペン風ポークソーセージ、それにビューリンク Beuling といぅ黒いプディングがお勧め。ボレケ Bolleke と呼ばれるすり鉢型のゴブレットでビールを一〇杯飲んだ人は一一杯目がタダになります。

私の場合、アントヴェルペンに行ったら前述のレインデルスストラートをぶらつき、ピタを食べながらシメイ・ビールを飲むのが楽しみです。ピタは、中近東生まれの中が空洞になったポケットパンに、薄切り肉を重ねて回転させながら焼いたドネルカバブと野菜を詰めたもの。本場のトルコではドネルエキメキと呼ばれているそうですが、アントヴェルペンでは「ピタ」Pita といぅ名前で親しまれているスナック料理の一つです。この通りには、ピタを食べさせる店が何軒も並んでいて、日本の焼き鳥屋を思い出すいい匂いを通りに漂わせています。

カフェ巡りの合間に美術館や博物館を訪ねるのも一興です。フローテ・マルクトにある市庁舎の裏通りには、操り人形の実演が見られるフランダース民俗博物館があります。フローテ・マルクトから南西の方角に延びている、左右にお土産屋の並んだ公園風の遊歩道ホーフストラート Hoogstraat が尽きたところの左手には、一七世紀のグーテンベルク印刷機械やタイプフェイス、それに二万五〇〇〇冊もの書籍を集めたプランティン・モレテュス博物館があって、出版・印刷・グラフィックデザインに関わっている人には興味がつきません。

船に興味のある人は、フローテ・マルクト近くのスヘルデ河岸沿い、ステーンプレイン Steenplein というところに国立海洋博物館があるので、そこでいろいろな帆船模型を楽しめます。

この近くで美術を鑑賞したい人には、メイル通りヴァッペル Wapper 公園の隣にあるルーベンスの家や、その西のランヘ・ハストハイスストラート Lange Gasthuisstraat 三三番地にあるブリューゲルの「狂女フリート」で有名なメイエル・ファン・デン・ベルフ美術館がお勧め。この二つは、フローテ・マルクトからぶらぶら歩いて一〇分ほどですから、酔いを醒ますのにちょうどよい距離です。

ビールの醸造に関心があれば、一六世紀以降の醸造器具や資料を集めたブラウェルスハイス博物館もぜひ見学予定リストに加えたいところ（要予約）。この博物館は、国立海洋博物館からスヘルデ河に沿って北に五分ほど歩いた、アドリアン・ブラウェルストラート Adriaan Brouwerstraat 二〇番地にあります。

ブルッへのビア・カフェ

オランダ語でブルッへ Brugge、フランス語でブリュージュ Bruges。日本人はこの町をフランス語のブリュージュという名前で呼んでいますが、ここはオランダ語圏ですから、私はブルッへと呼ぶことにします。話す言葉はオランダ語か英語、フランス語は通じません。

ブルッへという地名は、北海からゼヴィン川を上って初めての上陸点を意味する、古代ノルウェー語のブリヒア Bryggja（船着き場）に由来します。

以来、そのゼヴィン川を行き来する船舶によって交易が栄え、ブルッへはヨーロッパでも一、二を争う豊かな町になりますが、一六世紀に川が土砂で埋まってしまいました。一九世紀になってゼヴィン川跡に運河（バウデヴェインカナール）が掘られ、ブルッへと北海沿岸の町ゼーブルッへをつなぐ重要な交通路となって今日に及んでいます。

ブルッへは西フランダース州の首都で、人口約一二万人。北のヴェニスとも称えられる美しい水の都です。旧市街をぐるりと囲む運河をボートに乗って一巡りすると、いかにこの町が歴史の保存に力を入れているかが分かります。旧市街の中心地、マルクト Markt と呼ばれる広場にある鐘楼（毛織物会館）に上って眺める景色に、思わず感嘆の声を上げない人はいません。それはまるで童話の世界のように幻想的です。

ブルッヘに行くには、ブリュッセル・セントラル駅から急行列車で一時間。帰りのブリュッセル行き列車は夜の一一時近くまでありますから、時間を気にせずに一日ゆっくりと楽しむことができます。

ビール博物館のある「ストラッフェ・ヘンドリク」

ブルッヘでビア・カフェ巡りをするなら、タクシーには乗らないのが賢明です。一方通行の道がやたらにあって、目的地に行くのにかなりの遠回りをしなくてはなりません。

そこで、列車を降りたら駅前のロータリーからオーストメールス Oostmeers 通りを歩きます。小さな橋を二つ渡ってしばらく行き、右手に延びるゾンネケメールス Zonnekemeers 通りに入ってさらに行くと、突き当たりの少し手前にヴァルプレイン Walplein という、まん中に彫刻が置かれている石畳の広場があります。

この広場にあるのが、「ストラッフェ・ヘンドリク」Straffe Hendrik という名前の由緒

ブルッへ、ビア・カフェ地図

あるビール醸造所とそのレストラン〈**地図❶**〉。ブリュッセルを午前一〇時頃に出る列車に乗ると、駅からぶらぶら歩いてここに着くのが一一時半頃。ここの開店は午前一〇時ですから、もうレストランが満員になっているかもしれません。そうであれば、席を予約しておいて「ブルワリー・ツアー」に加わり、昔の醸造設備を集めたミニ博物館やビール工場を見学します。レストランに戻ったときはちょうど昼食時です。しかし、ここでは「ストラッフェ・ヘンドリク」のビールしか飲めないので、長居は無用。ビールをブロンド（ゴールド、アルコール度数六・五パーセント）とブライン（ブラウン、同八・五パーセント）の二つを取り、ひと皿の料理で軽く腹ごしらえした後、次のカフェに向けてここを出ましょう。もっとも、世界中のビア・ボトルに興味のある人は、天井近くの壁に飾ってある膨大なコレクションを眺めながら、タバコを一服してからでも遅くはありません。

「ストラッフェ・ヘンドリク」のレストランを出て、ヴァルプレイン Walplein からその先のヴァルストラート Walstraat を抜け、突き当たりのカテリェネストラート Katelijnestraat という通りに出たら左に曲がり、ちょっと行くと橋があります。左にある建物が、フランドルの画家ハンス・メムリンクの作品を集めたシント・ヤンス・ホスピタル美術館。そのまま進むと三叉路となるので、まん中の道マリアストラート Mariastraat を突き抜けます。その突き抜けたところが、オランダの数学者シーモン・ステヴィンの銅像があるステヴィン Stevin 広場で、広場の向こうがステーンストラート Steenstraat。

次に訪ねるビア・カフェ「ブルフス・ベールチェ」Brugs Beertje（ブルッへの小熊）は、ステーンストラートと直角に交わるケメルストラート Kemelstraat の五番地にあります〈**地図❷**〉。「ストラッフェ・ヘンドリク」からここまでの時間は、七〜八分程度です。

親日家のオーナーが経営するカフェ

「ブルフス・ベールチェ」は、世界で最も洗練されたビア・カフェの一つとされ、このカフェを訪れずにブルッヘを去る人は本当のベルギービール愛好者ではないとまで言われています。常時ストックしているビールの数は二〇〇種類以上。オーナーのヤン・ブライネ氏は、額が大きくはげ上がった気さくな人で、たいへんな親日家です。日本人と見ると「コンニチワ」と日本語で挨拶してくれます。ベルギービールの普及・啓蒙とベルギービールの伝統を守ることに非常に熱心なことでも有名な人です。彼は、ラガー・ビールとレーベル・ビール（31ページ参照）は、「ベルギーの恥」とまで言い切って憚りません。日本人がおぼつかない英語で尋ねる質問にも、まことに丁寧に、わかりやすく、ゆっくりと答えてくれます。

グループで訪れる人たちには、ベルギービールの特徴や飲み方に関する特別セミナー（要予約）を開いてくれます。店の営業時間は午後四時から深夜一時まで、水曜日は定休です。四時前に着いてしまった人は、もっと早くから店を開いている別のカフェに立ち寄ってから、ここに引き返すといいでしょう。

さて、「ブルフス・ベールチェ」からシーモン・ステヴィンの銅像があるステヴィン広場に戻り、ステーンストラートを左方向へ歩いていくと、鐘楼のあるマルクトMarkt（市場）広場があります。時間が合えば、カーンカーンと鳴り響く鐘楼のカリオンの音を真下で聞くことができます。

鐘楼に上るのでしたら、あまり酔わないうちがいいでしょう。エレベーターがなく、狭い階段をぐるぐる回りながら登っていくと途中で息切れしてしまうからです。でも、上からの眺めは絶景。そうとうキツイ階段ですけれども、登りきった人は絶対に感動します。

この広場には四輪馬車が休んでいて、馭者が客を引いている光景が見られます。その馬の爪先をよく見ると、一風変わった靴のようなものを履いています。ブルッへの通りはツルツルした石畳の路面で造られているので、普通の蹄鉄では足が滑って危険なんだそうです。

一六世紀の建物の中でビールを楽しむ

次なるカフェは、このマルクト広場の北側、州庁舎の左手、フラミングストラートVlamingstraat一二番地にある、「キューリオサ」Curiosa（珍奇）です。マルクト広場からは一〇〇メートルほど、通りの右側にあります〈**地図❸**〉。店は一六世紀以来の古い建物の中にあって、店内は薄暗く、テーブルをロウソクの灯で照らしています。ビールもさることながら、「キューリオサ」を訪ねる価値はなんといってもこの中世的な雰囲気にあります。ローソクの灯にかざしてビア・リストを見ると、ビールの数は六〇種類ほど。それほど多くはありませんが、厳選されたオーナー自信のビールばかりです。料理は、軽いスナック風のものが中心。ランチ・タイムとディナー・タイムに限り、肉や魚料理を注文できます。営業時間は、午前一〇時から深夜一時まで（日曜は正午から〇時まで）。月曜は休日です。

再びマルクト広場に戻ります。

マルクト広場とその東側のブルフ Burg 広場に挟まれたデ・ハレ De Garre 通り一番地にある「ハレ」Garre も、訪れたいカフェの一つです〈**地図❹**〉。デ・ハレ通りは、もともと火事が起きたときの避難路として造られた通路ですから、通りというよりも路地と言った方が適切です。その狭い路地に、こんなにオシャレなカフェがあるなんて、旅行者にはあまり知られていない穴場です。店内は明るく、壁はレンガ造り。天井は太い梁で頑強に支えられています。ストックしているビールの数は、一二〇種類以上。西フランダース州で造られるビールを多数揃えていることが特徴です。料理は、チーズやソーセージなどのツマミ程度。

街を歩き疲れたとき、ひと休みするのに最適のカフェではないでしょうか。営業時間は、正午から〇時まで。定休日は水曜。

泊れるカフェ「ホテル・エラスムス」

最後に、運河を眺めながら素晴らしい料理とともにベルギービールを楽しめるカフェをご紹介しておきましょう。そのカフェは「エラスムス」Erasmus（一六世紀のオランダの神学者）という小さなホテルの中にあります。

ホテル「エラスムス」は、マルクト広場の鐘楼の左側から延びるヴォレストラート Wollestraat という通りの三五番地。広場から一〇〇メートルほど下った、左側にあります〈**地図❺**〉。その裏が運河。カフェは運河に面した広い部屋とテラスに分かれ、クラシック音楽が静かに流れています。選べるビールの数は一五〇種類以上。ホテルだけあって、料理のメニューには西フランダースの郷土料理がずらり。チーズもビールに合うものがいろいろ揃っています。営業時間は、午前一一時半から午後一一時（四〜六時準備中）。月曜が定休日、一月一五日〜二月一五日の一カ月間は休業。

ブルッヘで一泊したい人には、このホテルがお勧めです。どの部屋からも運河を見下ろすことができますが、部屋数が九室と少ないので、日本を出る前に予約を入れておいたほうが確実でしょう（http://www.hotelerasmus.com/）。

ヘントのビア・カフェ

オランダ語でヘント Gent、フランス語でガン Gand。日本で一般的に呼んでいるゲント Ghent は英語です。

ヘントは、ブリュッセルの北西約五〇キロに位置し、東フランダース州の首都で、人口約二五万人。フランスのピカルディ地方に発するレイエ川がアントヴェルペンにつながるスヘルデ河と出合うところであることから、紀元前にケルト語で「ガンダ（合流）」と名付けられました。それが訛ってヘントと呼ばれるようになったと言われています。

ヘントは、一〇世紀から一四世紀にかけてフランデレン伯爵領の首都として発展し、一五世紀になるとブルゴーニュ家の支配下に置かれました。フランデレン伯は毛織物の加工・販売に力を入れ、ブルゴーニュ公は建築・絵画など多くの芸術家を庇護したために、中世のヘントは商工業の町、芸術の町としてヨーロッパ中に知られていました。今日でも運河に浮かぶグラーフェンステーン Gravensteen 城、かつてのレイエ川の船着き場であったグラスレイ Graslei と対岸のコーレンレイ Korenlei に並ぶギルド・ハウスなどの壮麗な建築物、そのすぐ東隣の広場に聳《そび》える鐘楼と毛織物会館、そしてヤン・ファン・アイクの祭壇画「神秘の小羊」のあるシント・バーフス St. Baafs 大聖堂などを見ると、中世におけるヘントの栄華がいかにすごかったかを容易に想像することができます。

ブリュッセルからヘントを訪ねるには、やはり列車が一番便利でしょう。ブリュッセル・セントラル駅から急行で四〇分。ヘント・シント・ピーテルス Gent-St.Pieters という駅で降ります。

絞首刑囚の最後のビール

ビア・カフェを巡るには、駅からトラム（路面電車）に乗って一気にコーレンマルクト Korenmarkt 広場まで行くのが、なにかと効率的です。この周囲にはカフェが密集していて、ちょっと歩くだけでつぎつぎとハシゴができるからです。おまけにコーレンマルクトの近辺には、市庁舎、鐘楼、シント・バーフス大聖堂、シント・ニクラース St. Niklaas 教会、シント・ミヒエルス St. Michiels 橋などの見どころも集まっているし、グラーフェンステーン Gravensteen 城も近くなので、ビールと観光が一度に楽しめます。

では、カフェをご案内しましょう。最初は、「ガルヘンハイシェ」Galgenhuisje（死刑囚の小さな家）という店。こんなオドロオドロしい名前がつけられたのは、中世の頃、絞首刑を宣告された男がレイエ川に吊るされる前に、ここで最後のビールを与えられたからだそうです。その言い伝え通りに歴史は古く、創業が一七四八年。以来、今日まで休むことなく連綿と続いているヘント最古のカフェです。場所は、フルーンテンマルクト Groentenmarkt 通り五番地。シント・ミヒエルス橋のたもとからグラスレイ Graslei を北に一〇〇メートルほど歩いた先です。〈**地図❶**〉

「ガルヘンハイシェ」のビア・リストに載っているビールの数は五〇種類。ラベルに Galgenhuisje と書いてある珍しい銘柄のビールも飲ませてくれますが、これは同じ東フランダース州にあるファン・ステーンベルヘ Van Steenberge 醸造所に造らせたハウス・ビールです。

ビールもさることながら、ここは「料理がまことに素晴らしい」と、味にうるさいヘント

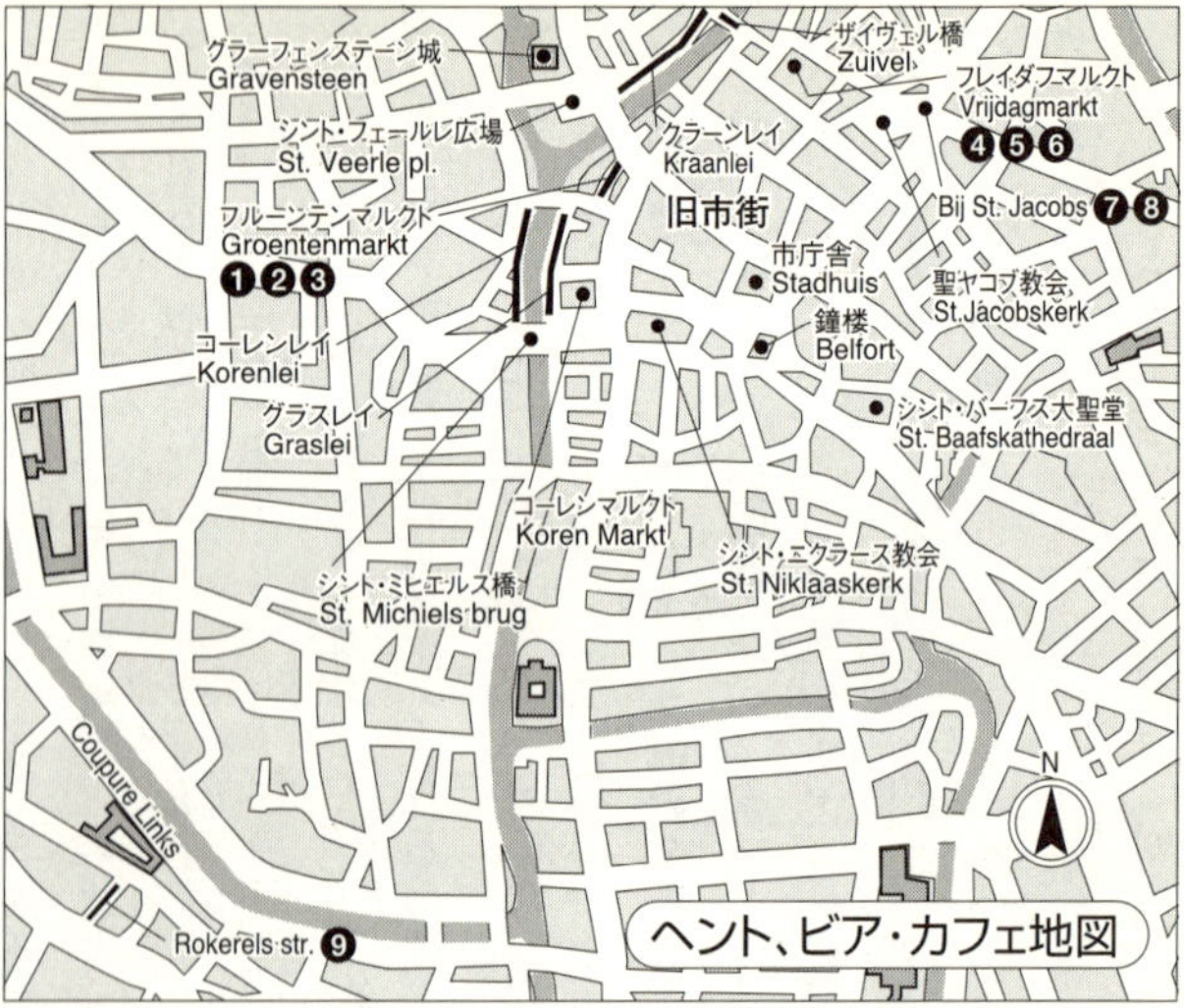

ヘント、ビア・カフェ地図

の友人が教えてくれました。その昔、死刑囚も最後のビールと一緒にこんなに美味しい料理を食べたのでしょうか。開店時間は正午。自慢の料理は、正午から二時一五分までと、夕方五時から夜一〇時の間に出しています。定休日は月曜です。

「ガルヘンハイシェ」と同じ通りの九番地に、「ヴァーテルハイス・アーン・デ・ビールカント」Waterhuis aan de Bierkant（ビールの岸にたつ川の家）という意味がよく分からない名前のカフェがあります〈**地図❷**〉。これは、オランダ語による言葉遊びの一種なんだそうで、元の言葉は「川岸にたつビールの家」（ビールハイス・アーン・デ・ヴァーテルカント）。これをひっくり返して「ビールの岸にたつ川の家」と言うと、オランダ語を話す人はプッと吹き出します。日本人も「ご飯で箸を食べる」とか「ビールでジョッキを飲む」と言い間違って、言った人も聞いている人も思わず笑ってしまうことがあります。これと同じ面白さです。

「ヴァーテルハイス・アーン・デ・ビールカント」ではテラスに出ると、レイエ川に映る中世に造られた美しい建物を眺めながらビールを楽しむことができます。室内の方は少し暗くなっていて、ローソクの灯がテーブルを照らしています。ストックしているビールは一三〇種類ほど。東フランダース州で最も良心的なビールを揃えているカフェの一つといわれるだけあって、ピルスナーやラガー系のビールを一本も置いていません。地元のオールドブラウン系とストロングエール系のビールはほとんど網羅されているので、フランダース・ビールをいろいろ飲んでみたい人にお勧めです。ただし、料理はスパイスの効いたソーセージ程度の軽いスナックしかありません。ちなみに、夕方になると二階席で操り人形劇が始まります。ただし、毎日やっているわけではないそうなので、運がよければ見ることができます。営業時間は、午前一一時から深夜二時まで。

この「ヴァーテルハイス・アーン・デ・ビールカント」のすぐ隣に、「ドリューペルコット」Dreupelkot という名前の一見カフェ風の店がありますが、ここはジンやスピリッツなどのハードリカーを飲ませるバーですから、間違って入るとビールはせいぜいピルスナーくらいしか飲むことができません〈**地図❸**〉。

グラーフェンステーン城からフレイダフマルクトへ

フルーンテンマルクト Groentenmarkt 通りを左に曲がって橋を渡ると、シント・フェールレ St. Veerle 広場に出ます。そこから見られる石だけで造られた異様で陰鬱な建築物が、グラーフェンステーン Gravensteen（堀に囲まれた石）城。この城は、十字軍がシリアに造った要塞を真似て造られ、フランデレン伯フィリップ・ダルザスによって一一八〇年に築城されました。内部は長く牢獄として使用され、現在は中世の拷問や死刑に使われた道具を展示した博物館になっています。

さて、シント・フェールレ広場からレイエ川に沿って河岸通りのクラーンレイ Kraanlei を歩き、ザイヴェル Zuivel 橋を渡ったところにフレイダフマルクト Vrijdagmarkt 広場があります。この広場に接したメールセニエルストラート Meerseniersstraat 一四番地、ちょうど社会主義労働者連合の本部オンス・ハイス Ons Huis の左手にあるのが、「ストロープケ」Stropke（小さな輪縄）というカフェ〈地図❹〉。

店名の「小さな輪縄」は、昔、グラーフェンステーン城で囚人の首吊りに使われた縄に由来するそうです。ストックされているビールの数は、一二〇種類ほど。ここは料理にも力を入れているカフェで、伝統的な郷土料理のカルボナード・フラマンド（牛肉のビール煮）やアイトスメーテル（パンに肉とチーズと目玉焼を載せたオープンサンド）などが食べられます。

食後には、淹れ立ての美味しいコーヒーを出してくれるので、酔い醒ましに格好です。営業時間は、午前一一時から夜九時まで。日曜は定休日です。

そのほかこの界隈には、同じメールセニエルストラート一四番地（「ストロープケ」の向かい）に「テンペリエル」Tempelier（＝底なしの大酒飲みとされたテンプル騎士団）というカフェ〈地図❺〉、フレイダフマルクト広場に「デュレ・グリート」Dulle Griet（ザイヴェル橋のたもとにある大砲の渾名に由来）というカフェ〈地図❻〉、ベイ・シント・ヤコブス Bij St. Jacobs 通り一七番地に「トローレケルデル」Trollekelder（悪霊の酒蔵。ここでは珍しいトラピストビールのヴェストフレーテレン Westvleteren が飲める）というカフェ〈地図❼〉、同じ通りの一三番地に「プレーリューデ」Prelude（前奏曲）など〈地図❽〉、いろいろなカフェがあってハシゴをするのに事欠きません。

カフェそのものが博物館

ヘントを訪れたら（いやベルギーを訪れたら）、どうしても覗いて帰らなくてはならないカフェがあります。その名前は、「ホップデュヴェル」Hopduvel（ホップの悪魔）といいます。ホップ栽培中にホップを枯らす虫害や病害は、ホップ農家にとってまさにデュヴェル（悪魔）。ホップが無事に実って収穫できたら、デュヴェルの麦わら人形を燃やしビールや料理を囲んで祝う習慣が、この地方に昔からありました。その麦わら人形が、カフェ「ホップデュヴェル」の店内にデーンと置かれています。

店の中はいくつもの部屋に分かれ、トイレから帰ってくるときに迷ってしまうほどの広さ。おまけに広大な庭もあります。ヘントで一番大きいカフェではないでしょうか。しかし「ホップデュヴェル」での見ものは、店内のいたるところに飾ってある膨大なコレクションです。ビアグラス、ビアマグ、コースター、ラベル、ポスター、チラシ、栓抜き……などなど、全部古い物ばかり。カフェ全体がブルーワリアナ（ビールに関する小道具）博物館なのです。

古いといえば、そうとう年代物のランビックやすでに製造が中止されてしまった銘柄のビールを、ここでは飲むことができます。そうしたビールを含めて、ストックされているビールの数は一三〇種類以上。その中には、オーナーのトーン・デノーゼ Toon Denooze 氏が書いたレシピにしたがってファン・ステーンベルヘ Van Steenberge 醸造所が造った「ホップデュヴェル・ブロンディーネ」Hopduvel Blondine、「ホップデュヴェル・ブルネット」Hopduvel Brunette、「ストロープケン」Stropken、「ヘントセ・トリペル」Gentse Tripel など、この店こだわりのビールが含まれています。

さて、「ホップデュヴェル」の場所ですが、これがなかなか厄介なところにあって、さきにご紹介したカフェをいくつかハシゴしたついでに……というわけにはいきません。なにしろ、あの市庁舎や鐘楼のあるコーレンマルクト広場からですと、ここまで三〇分以上も歩かなくてはならないのですから。ここはひとつ、タクシーを奮発しましょう。運転手に「ホップデュヴェル・アーン・ロケーレルスストラート Hopduvel aan Rokerelsstraat」と告げるだけで連れていってくれます（運が悪いとカミカゼ運ちゃんに当たって到着するまでハラハラドキドキ冷や汗ものですけれど）。

もしも、シント・ピーテルス駅から直接ここに行くつもりなら、ぶらぶら歩いても一〇分程度でたどり着けます。駅を背にして正面から斜め左手に延びる大きな道、コーニンク・アルベルトラーン Koning Albertlaan を進み、レイエ川にかかる大きな橋を渡ってしばらく行くとT字路に出ます。これを左に曲がってから、数えて三本目の右の道がロケーレルスストラート Rokerelsstraat。その一〇番地が「ホップデュヴェル」です〈地図❾〉。

日本で手に入りにくいベルギービールを買って帰りたい人は、「ホップデュヴェル」の売店を訪ねるといいでしょう。その売店はカフェから一ブロック離れた運河の河岸、カウピューレ・リンクス Coupure Links 通り六二五番地にあり、ビール四〇〇種類のほかビールの本やポスター、グラス、トレイ、灰皿、栓抜き、Tシャツなどのお土産品も多数置いています。

ブリュッセルのビア・カフェ

オランダ語でブリュッセル Brussel、フランス語でもブリュッセル Bruxelles。ブリュッセルの街については、いろいろな旅行案内書に書かれているので、この本ではもっぱらカフェのご紹介に徹したいと思います。

とはいっても、ブリュッセルはヨーロッパ有数の大都市でありますから、私のような旅行者は限られた場所しか知りません。たいていの場合、グラン・プラス Grand Place 界隈をぶらつくだけで満足し、あとは郊外のパヨッテンラント Payottenland にあるランビック・ビールの方に関心が向いてしまいます。ですから、ここでご紹介するのはブリュッセルのビア・カフェというよりも「グラン・プラス界隈のビア・カフェ」と言った方が適切かもしれません。

ブリュッセルはフランス語とオランダ語のバイリンガルの街ですから、グラン・プラスは別名フローテ・マルクト Grote Markt とも呼ばれています。グラン・プラスはフランス語、フローテ・マルクトはオランダ語。いずれも「大市場」を意味します。ヨーロッパの古い街には必ずといってよいほど、「市場（マルクトまたはプラス）」と呼ばれる広場があります。ブリュッセルのグラン・プラスも、一一～一二世紀に市場として始まり、食料や衣料やさまざまな道具を買い求める人々で賑わいました。

しかし、時代が下り街のあちこちに日常の生活用品を売る店ができるようになると、グラン・プラスは本来の市場としての機能を失い、人々の集会所に使われるようになりました。一七世紀になると、さまざまな職業のギルドがこの場所に集会に使う建物を造り始め、今日見るような美しい建物に囲まれた形ができあがったといわれています。空を突き刺すような高い尖塔（鐘楼）を持つ壮麗なゴシック風市庁舎の左右に並ぶ石造りの建物は、すべてギルド・ハウスとして造られました。市庁舎を左にして右手の建物から順番に、パン職人、獣脂商人、桶職人、弓術家、船乗り、衣服商のギルド・ハウス。市庁舎の左隣りから一つおいて肉屋とビール職人のギルド・ハウスでした。市庁舎を背にして右から、服の仕立て職人とペンキ職人のギルド・ハウスでした。現在、「ブラーバント伯の館」と呼ばれている市庁舎に向かって左手の大きな建物も、元来は六つのギルドの共同建物でしたし、市庁舎の真向かいにある「スペイン王の館」もかつては前記のパン職人ギルド・ハウスの母屋として建築されたものです。

ギルド・ハウス跡につくられたビア・カフェ

さて、ビア・カフェの話に戻りましょう。グラン・プラスでビールを飲むなら、元、服の仕立て職人のギルド・ハウスだった建物の一階にある「ラ・シャルプ・ドール」La Chaloupe d'Or（黄金の船）が最短距離です〈**地図❶**〉。ここは、店の外に大きなパラソルを立てたテーブルをいくつも出して客にビールを飲ませていて、その光景は観光案内パンフレ

ットにもしばしば紹介されています。あまりにも有名で、あまりにも観光客が多く、あまりにもミーハー的なので、実は私は、このカフェに一度も入ったことがありません。いつも横目で見ながら、ここを素通りしています。

市庁舎を背にして左手角の、かつてパン職人のギルド・ハウスであった建物の一階に、「ロワ・デスパニェ」Roi d'Espagne（スペイン王）という名前のカフェがあります〈**地図❷**〉。この建物は、パン職人のギルド・ハウスの後、スペイン王の館の一部となったため、このような名前がつけられました。「ラ・シャルプ・ドール」と同じくここも観光客が多く、しかもビールよりも腹ごしらえに忙しい客がほとんどで、私はビール一杯飲むのもそこそこに退散した店です。二度と入ってみようとは思いません。あとで友人に聞いたところによると、「昼間はレストランで、夜はタヴェルン（居酒屋）に変わるから、カフェとはちょっと違うかもしれない」とのことでした。

グラン・プラスに行ったら、前述の二つの店はまあどうでもよいとして、元ビール職人のギルド・ハウスであった建物の地下にある「ビール醸造博物館」Musee de la Brasserie だけは、ぜひ訪れたい場所です〈**地図❸**〉。

小さくて目立たない木の扉を開けると、ベルギーの醸造家にビールの守護神と崇められている聖アルノルデュス（アルノー）の像が出迎えてくれます。階段を降りると、右手にビールを飲ませてくれる小さなバーがあります。左手は、一九世紀に使われた醸造設備の展示室。かつて日本の民家の台所にあったカマドを思い出させる麦汁煮沸釜やホップ粕を漉すための籠などを見ていると、昔はどこの農家でも料理を作る感覚でビールが造られていた姿がありありと目に浮かびます。

世紀末芸術のインテリアに囲まれて

それはともかくとして、グラン・プラス界隈で本格的なカフェを探索するなら、道順からいってまず「ラ・ベカス」La Becasse（山鴫）を訪れたらいかがでしょう。前述の「ロワ・デスパニェ」のある建物を左にやり過ごしてチョコレート店や土産物屋の並んだボーテルBoter通りに入っていくと右手にシント・ニクラースSt. Niklaas教会が見えます。「ラ・ベカス」は、この教会を右に行ったタボラ通りRue de Tabora一一番地にあります〈**地図❹**〉。グラン・プラスから歩いて四分ほど。ストックされているビールはあまり多くありませんが、ランビック系ビールにこだわり、あまり酸っぱくないランビック・ドウス（ソフト・ランビック）を始め、「ベルビュウ」Belle Vueブランドの各種ランビックやハウス・ビールが楽しめます。

「ラ・ベカス」の次は、「ファルスタッフ」Falstaff（シェークスピアの喜劇に登場する陽気な老騎士の名前）というカフェです。タボラ通りに続くザイトストラートに戻り、右に見える証券取引所Bourseの大きな建物の裏、アンリ・マウスHenri Maus通りを入ったところにあります〈**地図❺**〉。

この店に入ると、まずアールヌーボーやベルエポックが混然となった絢爛《けんらん》たるインテリアに圧倒されます。壁一面が大きな鏡とステンドグラスで飾られ、天井から吊り下がるシャンデリアや壁のランプ器具の精巧な細工は、ファン・ド・シエクル（世紀末）の豊穣な工芸美術を今に伝えています。その意味で、「ファルスタッフ」はベルギーで最も豪華なカフェの一つであり、インテリアを鑑賞するだけでもここを訪れる価値があると私は思います。

常時ストックしているビールの数は、五〇種類。豪華な店にもかかわらずビールの値段は他と違いませんが、ビア・リストには「ビール一杯で一時間以上居座らないでください」と大きな字で書いてあります。営業時間は、朝の七時から翌朝五時まで。原則として年中無休ですが、ベルギーの習慣として保証はできません。

「ファルスタッフ」を出たら、目の前の証券取引所の表の道、ビュルス Beurs 通り一八番地にある「タヴェルン・シリオ」Taverne Cirio（シリオの居酒屋）を覗いてみましょう〈**地図❻**〉。この店もインテリアが素晴らしく、天井も壁も一九二〇年代、一世を風靡《ふうび》したアールデコのデザインで埋めつくされています。入った正面の壁には、五〇個のメダルを張り付けた大きなだ円形の額が飾ってあります。このメダルは、客に対するサービスの優れた店に贈られたものとか。インテリア・デザインの一部として、メダルをこのように周囲と美しく調和させて飾ってある例を、私はこれまで見たことがありません。

先の「ファルスタッフ」の絢爛さに比べ、こちらの「タヴェルン・シリオ」にはどっしりとした格調の高さが感じられます。ビールを落ち着いて飲むなら、こちらの店でしょうか。ただし店の名前が示すように、ここは居酒屋であってカフェとは名乗っていません。ワインを飲んでいる客もいればシャンパンを手にしている客もいます。ウィスキーやリキュール、コーヒーも出しています。ビア・リストにあるビールの数は約四〇種類。そう多くはありませんが、日本にまだ輸入されていない「ヴィットカップ・トリペル」Witkap Tripel や「ハプキン」Hapkin というビールを、私はここで初めて飲むことができました。

「タヴェルン・シリオ」の後は右手の市電通り、アンスパフラーン Anspachlaan を右方向に五分ほど歩いて、中央郵便局の向こうのド・ブルッケル De Brouckere 広場に向かいます。広場というより大きな交差点ですが、ここにある大ホテル「メトロポール」Metropole の一階に、「カフェ・メトロポール」Cafe Metropole があります〈地図❼〉。この店は高級ホテルのバーに相応しく、ベルエポックのインテリアに囲まれた豪華で落ち着いた雰囲気があって、誰とも口を利きたくないほどクタクタに歩き疲れてしまったとき、ビールを一杯だけ飲んでくつろぐのに最適です。ただ、少々値段が張るのを我慢しなくてはなりません。ビールの数は四〇種類ほど。カフェと名乗っているものの実態はバーなので、お客は思い思いに好きな酒をとって楽しんでいます。営業時間は夕方の六時から。

店名の由来は新聞記者の賭事

さて次は、有名な「モール・シュビト」Mort Subite（頓死）へ行ってみましょう。グラン・プラスからですと、市庁舎を背にして正面右手のチョコレート・ショップ「ゴディヴァ」Godiva グラン・プラス売店の横の道に入り、その先の「ギャレリ・ロワイアル・サンテュベール」Galeries Royale St. Hubert というショッピング・アーケードを通り抜けるコースが近道です。アーケードを抜けたところの十字路を渡ると、そこはモンターニュ・オー・エルベ・ポタジェール Montagnes aux Herbes Potageres 通り。「モール・シュビト」は、その七番地にあります〈**地図❽**〉。

このカフェの創業は一八八〇年と古い歴史を誇り、店そのものもアールデコ芸術最盛期の一九二六年に改装された由緒ある建築です。入るとまず、アールデコ風にしつらえた異常に長いカウンターが目に入ります。そして、横に長く並んだテーブル。椅子の背もたれには革が張ってあります。

このカフェが「頓死」という奇妙な名前になったわけは、こうです。その昔、「自由ベルギー新聞」の記者たちがここでダイスに興じながら暇をつぶしていました。事件が起きて誰かが社に呼び返されると、その人は頓死したことになって、ゲームはお終い。それで、このカフェはいつのまにか「モール・シュビト」と呼ばれるようになったそうです。

その後、ランビックの醸造家ケールスマーケル Keersmaeker 氏がこの店を買い取って、「モール・シュビト」のラベルを貼ったビールを造りました。ですから置いてあるビールは現在も、濾過していないグーゼなど、デ・ケールスマーケル醸造所のランビック・ビール二〇種類に限られ、そのビア・リストと値段は、壁に張ってある豪華なアールデコ・デザインの鏡に、これまたアールデコ風の書体で書き連ねられています。営業時間は、午前一〇時から深夜一時。日曜だけは、正午に開店します。

ブリュッセルには、このほかに常々私が訪れたいと思いながらまだ行っていないカフェがいくつかあります。これらについて詳しく書くことができませんが、せめて名前だけでもここに紹介しておきたいと思います。

アドルフ・マックス Adolphe Max 通り五四番地にある「ブラスリー・ヴォスガット」Brasserie Vossegat（狐の穴）。

ロワイアル Royale 通り三一六番地にある「ウルティエーム・アリュシナティエ」Ultieme Hallucinatie（最後の幻）。

フラスマルクト Grasmarkt 通り一二番地にある「ヴィユターン」Vieux Temps（佳き時代）。

アレクサン Alexiens 通り五五番地にある「ラ・フルール・アン・パピエ・ドール」La Fleur en Papier d'Or（金箔の花）。

V　ビールからベルギーを知る

国語のない国

ベルギービールの味わいがユニークであるのと同様に、そのラベルもまたすこぶるユニークであります。私は三〇年間、広告デザイン会社で働いていたので、ラベル・デザインの定石というか、まあこうすれば間違いのないラベルができるといったノウハウを多少なりとも知っているつもりですが、ベルギービールのラベル・デザインは、その定石から著しく逸脱しているものが多い。というのは「商品名を目立たせる」というラベル・デザインの鉄則が無視されているからです。

極端な例では、商品名がどこに書いてあるのか一生懸命探さないと見つからないラベルもあります。商品名をかなり大きな文字で書いてあっても、それが埋没してしまうような背景色の中に置いたデザインとか、商品名の周囲にゴチャゴチャしたパターンを描き込んだデザインもあって、これではちょっと離れて見ると何という名前のビールか一瞬にして読み取ることができません。マーケティングの観点からは、こんなラベルは失格です。

にもかかわらず、ベルギービールのラベルはどれ一つをとってみても明快なアイデンティティーを持っているから不思議です。なかにはマンガでコミカルに描いたものや、他の国ではビールに絶対使わない悪魔のイラストとか、毒々しい色のパターンで特徴がつけられたものもあり、そうでない場合でも多かれ少なかれ絵画的な表現方法でデザインされたものが多く、どのラベルからも強烈なメッセージが発信されています。表現の巧拙にかかわらず、また好むと好まざるとにかかわらず、人の目をグイグイと引き付け、忘れがたい印象を与えます。どうして、ベルギービールのラベルはこんなにユニークで強烈なのでしょうか。

それはたぶん、ベルギーの国がオランダ語とフランス語という二つの異なる言語地帯に分かれていることと無関係ではないでしょう。

北部のフランデレンに住む人々は、ゲルマン民族の血を多く引いています。南部のワロニーの人々には、ラテン民族の血が多く流れています。そのため、北部がオランダ語、南部がフランス語と話す言葉が違い、文字での意思の疎通も困難です。オランダ語の名前のビールは、南部のフランス語圏でなかなか馴染んでもらえません。その逆に、フランス語の名前のビールは、北部のオランダ語圏で認められるのに時間がかかります。ですから、日本やアメリカのパッケージ・デザインの常套手段であるビールの名前を目立たせて読ませるデザイン手法でラベルをつくっても、ほとんど役に立たないわけです。

正確にいうと、ベルギーでは三つの言語が話されています。前述のオランダ語とフランス語のほかに、ドイツとの国境近くではドイツ語しか理解しません。つまり、ベルギーは「国語」というものを持たない国なのです。

しかもややこしいことに、北部フランデレンでも上流社会に属す人々は、フランス語を用いています。そのため三つの言語の中でもフランス語が一番洗練された言葉であるというイメージが人々の間にできあがり、南部ワロニーの人々が優越感を持つ一方で、オランダ語しか話せないフランデレンの人々は理不尽な劣等感にさいなまれているわけです。

しかし、フランデレンの人々には、過去においてベルギーの繁栄を担った産業経済の発展や、ベルギー独立のきっかけをつくった南ネーデルラント革命は、全部フランデレンがやったという自負があります。それに対してワロニーの人々は、独立後の建国に重要な役割を果たしたのは、南部の豊かな石炭や鉄鉱石を利用して産業革命を成功させたワロニーだと反論します。でも、フランデレンは引き下がりません。独立後にベルギーが進むべき道のグランドデザインはフランデレンが描いたもので、ワロニーは単にその通りやったに過ぎないと。

要するに、北部と南部の仲はそんなによくないわけです。ですから、お互いに相手の話す言葉を理解しようとは思ってもみません。その反動というべきでしょうか、ベルギーではすぐれた絵画作品が多数生み出されました。

古くは、ヤン・ファン・アイクの手になるヘントの祭壇画「神秘の小羊」、ブリューゲル父子が描いた「婚礼の宴会」「農民の踊り」などフランデレンの農民の暮しや四季の風景を描いたもの、ルーベンスの「アダムとイヴ」、現代では、ジェームス・アンソール、ルネ・マルグリット、ポール・デルヴォーらが確立したベルジャン・シュールレアリスムの世界……。いずれもベルギーが（つまりフランデレンもワロニーも一緒になって）世界に誇る偉大な芸術作品です。

ベルギーの人々は、北部と南部の間で言葉がコミュニケーション機能を持たないからこそ、絵画の持つ豊かなイメージ性とメッセージ性を大切にしている。そのように考えると、ベルギービールのラベルが絵画的表現手法でデザインされている理由も、なるほどと納得できるわけです。

写真①

紀元前から造られていたビール

ベルギービールのラベルのなかには、ベルギーの歴史を描いているものがあります。その一つ、「ゴロワーズ」La Gauloise〈**写真①**〉という名前のビールのラベルには、ビールを飲みながら陽気に踊っている人々が描かれています。これを見ていて、私は「ゴロワーズ」っていったい何のことか知りたくなりました。そういえば、フランスにも同じ名前のタバコがありましたっけ。調べると、これは紀元前に西ヨーロッパに住んでいたガリア人（ケルト人）を指しているとのこと。とくにローマ共和国の人々は、現在のベルギーにあたる「ベルギカ」に住んでいたガリア人をゴロワーズと呼んでいたそうです。つまり、現代のベルギーの

写真②

人々にとっては遠い祖先、ベルギーの歴史の黎明期《れいめいき》を担った大祖先となります。

　このラベルにビールを手に持っている人が描かれていることからも分かるように、ゴロワーズは紀元前数百年にすでにビール醸造の技術を持っていたことが窺《うかが》えます。当時、ホップはまだビールに使われていないので、風味づけはもっぱらスパイスやハーブで行われていました（ちなみに、この「ゴロワーズ・ブロンド」ビールからも、はっきりとしたスパイス香が感じられます）。

　ベルギー人の祖先ゴロワーズたちは、どんなふうにしてビールを造ったのでしょうか。その光景を彷彿とさせるラベルがあります。「ヘレケテルビール」Helleketelbier〈**写真②**〉のラベルです。「ヘレケテルビール」の名前は、ベルギー西フランダース州のフランスとの国境近いヴァタウ Watou の町にあるヘレケテルボスという森からとったといわれ、その森に住む魔法使いと伝えられるお婆さんがビールを煮ている絵がラベルに描かれています。一見したところ、この地方の民話をモチーフにしたラベル・デザインとも受け取れますが、「ヘレケテル」の意味を知ると話はがぜん違う様相を帯びてきます。

オランダ語の「ヘレケテル」は、「傾いた釜」と翻訳することもできますが、別に「古代ギリシャの釜」ともとれます。「ヘレ」とはヘレニズムの「ヘレ」。

ギリシャでは、紀元前三三〇年から三〇年までの三〇〇年の間、東洋的な精神の影響のもとにヘレニズム文化が栄えました。ちょうどベルギーの前身ベルギカでゴロワーズたちがビールを造っていた時代と重なります。ヘレニズム文化は、政治・文学・芸術・工芸に及び、ヘレニズム・デザインの家具や調度品を持つことが当時の人々の憧れであったろうと想像されます。ですから、私の解釈では「ヘレケテルビール」のラベルに描かれているお婆さんは、伝えられるような魔法使いなどではなく、ゴロワーズのお婆さんということになります。そのお婆さんがビールを煮ている釜は、きっと苦労して手に入れたヘレニズム・デザインの釜、当時流行の先端を行く自慢の釜に違いありません。

薪の火に麦汁とスパイスを入れた釜をかけて、焦げ付かないように棒でゆっくりとかき混ぜながらビールを造っているお婆さんの姿は、ゴロワーズたちのビール醸造の光景を今に伝えるものと考えて間違いないでしょう。ちなみにこの「ヘレケテルビール」も、ゴロワーズのビール造りの伝統を継承したということでしょうか、かなりスパイスの効いたビールに仕上がっています。

言葉を二つに分けたローマ軍用道路

紀元前五八年、ビールを造り平和に過ごしていたゴロワーズに未曾有の災難が降り掛かります。ローマ共和国の軍隊がベルギカに侵入してきました。指揮官は、ジュリアス・シーザー。歴史に名高い「シーザーのガリア征服」の発端です。ストロングゴールデンエール「ユリウス」Julius〈**写真③**〉のラベルには、シーザーの颯爽とした勇姿が描かれています。

シーザーは占領したベルギカを三つに分割。一つはトリール（現ドイツ）に首都を置く第一ベルギカ州、二つ目はランス（現フランス）に首都を置く第二ベルギカ州、三つ目をケルン（現ドイツ）に首都を置く第二ゲルマニア州とし、トンヘレン、トゥルネー、アルロン（いずれも現ベルギー）という三つの都市を建設しました。その結果、これまで小さな部族集

写真③

団に分かれて自治体制のもとに自由に暮していたゴロワーズは、強力な権力を持つローマの支配下に組み入れられることになったのです。

ゴロワーズはケルト語を話していましたが、ローマ軍は各地に学校を造ってゴロワーズが覚えたラテン語を使うように仕向けました。このときゴロワーズが覚えたラテン語は、その後変化・発展して今日のベルギー・フランス語（ワロン語）になっています。

紀元前二七年、ローマ共和国はオクタヴィアヌスの独裁のもとにローマ帝国となり、北はブリテン島（現イギリス）と北海沿岸、西はイベリア半島、南は地中海を越えたアフリカ沿岸、東はライン河に及ぶ広大な領土を擁する巨大国家へと勢力を拡大。そうした中で、ライン河の東に勢力を持つゲルマン民族の国々を攻める準備を着々と進め、ドーヴァー海峡からライン河まで軍隊と軍用物資を運ぶために、ブローニュからケルンまで軍用道路を築きました。しかし、ローマ帝国は三九五年に西ローマ帝国と東ローマ帝国に分離してからだんだんと勢力が衰え始め、その弱体化を見たゲルマン民族の一つフランク族が、四二〇年にライン河を越えてローマに押し寄せてきました。「ゲルマン民族大移動」の発端です。

フランク族は、ローマ軍が築いた軍用道路から北の地域を占領し、ゴロワーズの人々にゲルマン語を教えました。ゴロワーズが覚えたゲルマン語は、その後に転訛《てんか》してオランダ語となります。そして、このときから、北でオランダ語（ゲルマン語）、南でフランス語（ラテン語）が使われ始め、両者を隔てる軍用道路が現在のベルギーをフランデレンとワロニーに分ける言語境界線となったのです。

ベルギービールの「ゴロワーズ」と「ユリウス」。このたった二つのラベルから、ベルギーの歴史の始まりと、ベルギーに二つの言語がある歴史的事情を知ることができました。

毛織物で栄えたフランデレン

続いて、「カステール・ビール／ビエール・デュ・シャトー」Kasteel Bier/Biere du

写真④

Chateau〈**写真④**〉のラベルからは、次のように中世時代のベルギーを知ることができます。

「カステール・ビール／ビエール・デュ・シャトー」のラベルには、インヘルムンステル Ingelmunster 城が描かれています。コルトレイクの北八キロ、ブルッヘへ向かう道筋にある瀟洒《しょうしゃ》なこの城は、一〇七五年にフランデレン伯爵によって建てられました。

ヨーロッパでは九〇〇年頃から荘園が発生し、それから上がる経済力をバックに大小の封建的領主があちこちで出現し始めます。現在の西フランダース州と東フランダース州に相当する西部フランデレンでは、一一世紀頃からフランデレン伯爵がひときわ頭角を現しました。彼は商才に秀でた人物で、荘園から上がる農作物だけに飽き足らず、イギリスから羊毛を輸入し、それを毛織物に加工して領土を繁栄させることを考えました。そこでまず、イギリスと話し合って羊毛の輸入港をブルッへだけに制限し、ヨーロッパの他の都市とは交易しないという約束を取り付けました。そのため、ドイツのハンザ同盟さえもが、羊毛を買い求めるためにブルッへに外地商館を置かなくてはならなかったほどです。

フランデレン伯爵は、毛織物の加工をブルッへ、ヘント、イーペル、コルトレイクの町に集中させるとともに、市民には自治権と裁判権を与えました。その結果、これらの町には毛織物を仕入れる商人が多く訪れる一方、仕事を求めて移住してくる人々も増え、大きな都市に発展していきます。その象徴として各都市のマルクト広場を飾ったのが、市庁舎やギルド・ハウスなど現存する壮麗な建築物で、なかでも空高く聳える鐘楼を頂く毛織物会館は市の繁栄を誇示するものでした。町の中を流れる河には、羊毛や毛織物を積み降ろしする大きな船着き場が整備されました。今日でも、鐘楼のカリオンが鳴り響くブルッへのマルクト広場やヘントのコーレンマルクト広場には、当時の面影が色濃く残っています。

フランデレン伯爵の建てた城としては、インヘルムンステル城よりもヘントのコーレンマルクト広場の近くにあるグラーフェンステーン城の方が有名です。こちらの城は一一八〇年に完成し、「ストロープケン」Stropken〈**写真⑤**〉というビールのラベルにも描かれていま

写真⑤

す。建築様式としては、インヘルムンステル城が二階建ての瀟洒な館《やかた》風であるのに対して、グラーフェンステーン城は頑強な城塞。同じフランデレン伯の一族が建てた城とは思えないほど違いがあります。

インヘルムンステル城を建てたときは、フランデレン伯爵が領土の繁栄を願って市民に毛織物加工の奨励を始めたばかりですから、来るべき平和と豊かさを象徴する建築デザインが採用されました。それからおよそ一〇〇年後に建てられたグラーフェンステーン城は、富裕になったフランデレン地方に領土的野心を抱き始めたフランスがいつ攻めてくるか分からない状況の中で、「堅牢な戦う城」として造られました。そのモデルは、十字軍がシリアに築いた要塞であったといわれています。

一三世紀、繁栄の頂点まで達したフランデレンの毛織物都市では富裕商人が都市貴族化し、毛織物加工職人などの一般市民を支配し始めました。その一方で、富裕商人たちはフランデレン伯の影響力を排除しようと、フランス王と結託してフランス軍のフランデレン侵入を許します。富裕商人に不満を募らせた毛織物職人たち市民はフランデレン伯の側に立ち、いわゆる「黄金拍車の戦」が勃発しました。この戦いはフランデレン伯の勝利に終わり、グラーフェンステーン城は築城から一世紀後に初めてその威力を発揮することができたのです。

ビール守護神「聖アルノルデュス」を偲ぶ儀式

「ステーンブルッヘ」Steenbrugge〈**写真⑥**〉という名前のアビイビールのラベルには、聖アルノルデュスが描かれています。ステーンブルッヘ修道院は、ブルッヘの町の中心から四キロほど南にあるステーンブルッヘの村にあり、聖アルノルデュスによって一一世紀の末に建立されました。

聖アルノルデュスは一〇四〇年にフランデレンのティエヘムで生まれ、ソワッソンの町（現フランス）にあるサン・メダール修道院の修道士を務めた後、オーステンデとブルッヘ

写真⑥

の間にある町アウデンビュルフにアウデンビュルフ修道院を設立し、そこの司祭となりました。

　フランドル地方に疫病が蔓延したとき、聖アルノルデュスは人々をビールの煮沸釜の前に呼び寄せて、こう言いました。

「さぁ、よく見なさい。わたしの胸にある十字架を、今、この煮沸釜の中に入れます。これでもう、疫病をもたらす悪魔は、神への怖れのもとに退散しました。喉が渇いた人は、神に感謝してこのビールを飲んでください」

　そのお陰で生水を飲む人がなくなり、疫病は急激に姿を消したと伝えられています。

　聖アルノルデュスがビール守護神とされているわけは、修道院司祭として多忙な任務を遂行するかたわら、醸造を中止していたフランデレンの修道院を巡り歩いてビール醸造の指導に努め、ベルギービールの歴史に大きな功績を残したからです。

ベルギーの修道院でビールを醸造する習慣は、聖アルノルデュスの時代よりも五世紀ほど前から始まっています。西ローマ帝国の領土であったベルギカを占領したゲルマン系フランク族は、四八六年に「ソワソンの戦い」でローマ軍を壊滅させて「メロヴィング王朝」を開くとともに、トゥルネーの町（現ベルギー）に首都を置き、大司教座を設けてキリスト教の布教に乗り出しました。そして布教のための宣教師を育てる修道院が次々と設立され、なかでも六一四年に建てられたサン・ガーレン（ザンクト・ガーレン）修道院（現スイス）は当時最大規模を誇ったといわれています。

修道院には必ずビールの醸造設備が備えられ、修道院内で消費されるほかに民衆にも施されました。生水を飲むよりも安全で、しかも「液体のパン」といわれるように高い栄養価を持つビールは、布教の道具としてすこぶる有効であったからです。

七五一年に「メロヴィング王朝」が崩壊し、それに代わる「カロリング王朝」の二代目王となったシャルルマーニュはローマ教会で戴冠して皇帝となり、その見返りとして修道院の普及と保護を約束。これによりフランク王国の各地に、ビールを造る修道院が続々と生まれました。しかし、シャルルマーニュ皇帝が没するとフランク王国は三つに分割されたため、強力な保護者を失った修道院は活動が停滞し、それに伴ってビール醸造も衰退していきます。

その衰退に歯止めをかけ、修道院でのビール造りを復活させたのが、聖アルノルデュスでした。その功績を称えてベルギーの醸造家たちは、毎年七月にブリュッセルの教会に集まり、「聖アルノルデュスを偲《しの》ぶ儀式」を執り行っています。この日は「ビールの日」とされ、教会での儀式の後、真っ赤なローブに身を包んだ醸造家たちは、ビールを載せた荷馬車、音楽隊、竹馬に乗った人たちを連れて、グラン・プラスまでパレードします。

聖アルノルデュスの姿を描いたラベルには、「ステーンブルッヘ」のほかにも「アウデンビュルフ」Oudenburg と「シント・アルノルデュス・トリプル」St. Arnoldus Triple があります。いずれも、アビイビールです。

ベルギーで開花したブルゴーニュ文化

「カンティヨン・グランクリュ・ブルオクセラ」Cantillon Grand Cru Bruocsella〈**写真⑦**〉と、「ケルデルケ」Kelderke〈**写真⑧**〉のラベルには、ブリュッセルの壮麗な市庁舎が描かれています。この後期フランスゴシック様式の建物はグラン・プラスにあり、一四〇二

写真⑦

年から五三年の年月を費やして造られました。中央の尖塔の高さは九六メートル。その先端にはブリュッセルの守護神である大天使ミカエルが立っています。

ブリュッセルの市庁舎スタドハイス Stadhuis（オランダ語）、またはオテル・ド・ヴィル Hotel de Ville（フランス語）が建てられた一五世紀の前半は、ベルギーがブルゴーニュ公国によって支配されていた時期にあたります。ブルゴーニュというとフランスのワイン産地で知られていますが、一五世紀のブルゴーニュ公国はフランス中東部とベルギーやオランダを支配下におさめ、ブリュッセルを首都としていました。

そもそもブルゴーニュ公はフランス王家の傍系で、九世紀頃からフランス東部を流れるソーヌ川一帯を治めていました。一三六四年、ブルゴーニュ公に男子の相続者が絶えたため、当時のフランス王ジャンの末っ

写真⑧

子であったフィリップにブルゴーニュ公領が与えられヴァロア家系ブルゴーニュ家が成立しました。そのフィリップがブリュッセルに首都を置くようになるきっかけは、実はフランデレン伯の娘マルガリットを妻にめとったことに始まります。一三八四年にフランデレン伯が亡くなって後継者が絶えると、それまでフランデレン家が支配していたベルギーの領土の所有権が全部、ブルゴーニュ公と妻マルガリットのもとに転がり込んできたのです。

ブルゴーニュ公はさっそく首都をディジョンからブリュッセルに移し、そこにフランス様式の建築による宮廷を建てるとともに、パリに対抗する一大都市の建設を目指しました。それまではブルッヘやヘントのような繁栄には恵まれず、どちらかというとブラーバントの田舎都市と見られていたブリュッセルは、これで

写真⑨

にわかに活気づきます。全ヨーロッパから使節や文化人が集まり、人々のファッション、マナー、料理、飲酒などの社交文化が急速に洗練されていきました。今日、食通から「フランスよりも洗練されたフランス料理」と言われるベルギー料理も、このときに確立しました。当時流行した上流階級のファッションは、ヴァロア家系ブルゴーニュ公四代目シャルルの王女マリーを描いた「デュシェス・ド・ブルゴーニュ」Duchesse de Bourgogne〈**写真⑨**〉というビールのラベルから窺い知ることができます。

芸術も盛んになり、ヤン・ファン・アイク、ペートリュス・クリステュス、ハンス・メムリンクなどに代表される「フランドル美術」が、ブルゴーニュ公の庇護のもとに興りました。

今日、ブリュッセルの市庁舎は、そうした華やかなりしブルゴーニュ時代のモニュメントとして見ることができます。

ちなみに、ラベルに市庁舎が描かれた「カンティヨン・グランクリュ・ブルオクセラ」ビールの「ブルオクセラ」とは、一〇世紀頃に使われたブリュッセルの古い呼び名で「沼の家」を意味しています。

ベルギービールを愛した神聖ローマ帝国皇帝

「シャルル・クワン」Charles Quint〈**写真⑩**〉と、「ハウデン・カロルス／カロル・ドール」Gouden Carolus/Carolus d'Or〈**写真⑪**〉のラベルは、史上初めてヨーロッパの統一を実現した神聖ローマ帝国皇帝カール五世と、カール五世が発行した金貨を表しています。

神聖ローマ帝国皇帝のマクシミリアン一世を祖父に、ブルゴーニュ家のマリー王女を祖母に持つカール五世は、一五〇〇年二月二四日にフランデレンのヘントで生まれました。その後、ブリュッセルとアントヴェルペンのちょうど中ほどにあるメヘレンの町で、叔母のマルガレーテ大公妃に引き取られて少年時代を過ごします。一六歳のときに、母方の国であるイスパニア（スペイン）の国王となりカルロス一世を名乗りますが、三年後に祖父マクシミリ

写真⑩

アン一世が亡くなったために、ドイツ（神聖ローマ帝国）の王位も継いで同時に二つの国の国王になりました。イスパニアではカルロス一世、ドイツではカール五世、神聖ローマ帝国に属することになったフランデレンではカロルス五世またはシャルル五世と呼ばれました。

　カール五世はワインよりもビールを好んだといわれ、メヘレンの町で過ごした少年時代には、同じ町にある醸造所ヘット・アンケルのビア・カフェに入り浸ったと伝えられています。彼は成長するにつれ、自分を訪ねてくる客のために特別のビールをヘット・アンケルに造らせました。また、イスパニア王としてスペインに赴くときはヘット・アンケルのビールを大量に持って行ったそうです。ラベルにはもみあげから顎にかけて見事なヒゲに覆われた精悍な顔が描かれていますが、

写真⑪

結構いたずら好きな皇帝だったようで、こんなエピソードも残されています。

　どこの町かは不明ですが、とあるカフェにカール五世がふらりと入ってビールを注文しました。カフェの店主が陶のジョッキになみなみとビールを注いでうやうやしく差し出したところ、カール五世は受け取ってくれません。

「そちが取っ手を握っていては、予が持つところがない！」と言って帰ってしまいました。次にカール五世が訪れたとき、店主は取っ手が二つ付いているジョッキでビールを差し出したのですが、今度も受け取らない。店主がビールをこぼさないように両手で取っ手を握っていたので、やはりカール五世の持つところがなかったのです。三度目には、取っ手が三つ付いたジョッキを用意して、両手で二つの取っ手を持ち、空いている取っ手をカール五世に向けてビールを差し出しました。けど、やっぱりダメでした。「予が握れる取っ手は、一つしかない！」と。

ついに店主は、取っ手が四つ付いているジョッキを造りました。店主が両手で取っ手を持っても、あと二つの取っ手が空いています。カール五世はその二つの取っ手を両手でしっかりと握ってジョッキを受け取り、「うむ、いたく大儀であった！」。そう宣《のたま》って、心ゆくまで何杯もお代わりを申しつけたとか。

ビールを愛したカール五世にふさわしい伝説です。

カール五世は、為政者としても傑出した人物でした。祖父マクシミリアン一世がネーデルラント（低地帯）と呼んだ地方で群雄割拠している諸領主を統合し、祖母の父であるブルゴーニュ公が築いたブリュッセルの宮殿に強力な政府を置いて統一的に君臨しました。また交易にも力を入れたため、アントヴェルペンの港にはヨーロッパ中から大貿易商が集まり、毎日数百隻の船が出入りして世界各地から商品が送られてきました。さらに、カソリックへの信仰を深めて修道院活動を援助し、フランク王国のシャルルマーニュ皇帝にならって修道院内でのビール醸造を奨励したことでも知られています。

写真⑫

ベルギーを独立に導いた人々

「ブリーハント（ブリーガント）」Brigand〈**写真⑫**〉のラベルからは、スペイン統治下にあったベルギーの抵抗の歴史とオランダが生まれる背景を知ることができます。

一五五五年、カール五世は息子のフィリップ二世にネーデルラントとイスパニアの統治権を譲り渡します。フィリップ二世は父にならって熱烈なカソリック信者であったため、当時ドイツからネーデルラントに急激に広まりつつあったプロテスタントの活動を弾圧し、反抗する人々をスペインから呼び寄せた軍隊を使って取り締まりました。

これに対して、その昔ローマ軍が築いた軍用道路の北に住むオランダ語を話す人々が「ユトレヒト同盟」を結び、スペイン軍に対して徹底抗戦を試みます。このときスペイン軍を悩ませたのが、ゲリラ隊の「ブリーハント」です。「ブリーハント」はフランデレンやブラーバントのほかネーデルラント諸州の市民層からなる義勇軍で、ほとんどが戦闘経験のない人たちでした。戦闘の支えとなるものは、異邦人であるスペイン軍に支配されることへの怒りと、同胞を守らなければならないとする信念しかありません。一時は優位な戦いを進めた「ブリーハント」も、百戦錬磨のスペイン軍に押されて敗色が濃くなります。「ユトレヒト同盟」の拠点であったブルッヘ、ヘントなどの町を次々と失い、ついには最後の砦であるブリュッセルとアントヴェルペンも落とされてしまいました。

ところが、この状況を覆す事件が起きました。スペインの無敵艦隊が大西洋やインド洋でイギリス艦隊に完敗し、スペイン軍はベルギーでの戦争にかまけていられなくなったのです。スペインの国王でもあったフィリップ二世は、にわかに不利になった戦況のもとで、やむなくユトレヒト同盟とヘントで講和条約を結び、フランデレンやブラーバントを含むネーデルラント各州からスペイン軍を撤退させることに同意します。

一六四八年、ウェストファリア（ミュンステル）条約が成立し、オランダ語圏であるフランデレン、ブラーバント、リンブルフ三州の北半分をプロテスタントによる新しいネーデルラント連邦共和国（オランダ）とし、それら三州の南半分とローマ軍が築いた軍用道路から南のフランス語諸州をカソリックを信仰するスペインの統治下に置くことになり、今日のベルギーの原形がつくられました。

その後、スペインは「スペイン継承戦争」に負け、ベルギーはオーストリア王カール六世の統治下となります。しかし、一七八九年のフランス大革命の影響のもとにカール六世の支配に対して「ブラーバント革命」が起き、再度「ブリーハント」のゲリラ軍が組織されオーストリア軍と戦います。ところが、これはあえなく敗北。代わってナポレオンがオーストリア軍を撃ち破り、ベルギーはフランスの支配下に置かれます。ナポレオンがブリュッセルの郊外ワーテルローで破れると、ロンドン会議の結果、ベルギーはオランダに統合されます。しかし、オランダ国王ウィレム一世の独善的な統治に対して「南ネーデルラント革命」が勃発。再々度「ブリーハント」が組織され、今度はオランダ国王の軍隊を撃退するという快挙を成しとげます。この「南ネーデルラント革命」の成功により、ベルギーは念願の独立を諸外国から認められることになります。

一枚のラベルに描かれた「ブリーハント」の勇姿は、ベルギーが独立を勝ち取るまで、何世紀にも及ぶ外国の支配に抵抗してきた人々の不屈の魂を象徴しているのです。

カーニヴァルのジルたち

ベルギービールのラベルからは、現代のベルギーを知ることもできます。たとえば「バンショワーズ」Binchoise〈**写真⑬**〉というビール。「バンショワーズ」はフランス語圏ワロニーにある町バンシュ Binche の人々を意味し、ラベルには毎年バンシュで開催されるベルギーで最も有名な謝肉祭が描かれています。

バンシュは、エノー州の首都モーンス Mons から東へ一六キロほどのところにある、小さな古い町。一二〜一三世紀に築かれた城壁で囲まれた静かな町ですが、毎年三月の第一日曜日から三日間続くカーニヴァル（謝肉祭）の日になると、夜通し観光客で賑わいます。

一日目の日曜日は「クワンクワゼジム・ディマンシュ（五旬節の日曜日）」と呼ばれ、ハンドオルガン、ヴィオラ、アコーディオン、タンバリンの演奏に合わせて、朝一〇時から数百人の町民が着飾って踊ります。午後になると、踊りに参加する人々は一五〇〇人にも膨れます。この踊りは二日目の月曜日も続きますが、この日は若者たちが主導権を取って一日中踊

写真⑬

ったり歌ったりして過ごします。

ハイライトは火曜日に行われるマルディグラ（謝肉祭の最後の日）。毎年一〇〇〇人以上にも及ぶ「ジル」と呼ばれる人々のパレードが始まります。「ジル」になる資格は、バンシュの町で生まれた男子で、しかも生まれてから一度も町から離れたことのない人であること。年齢は問いません。

「ジル」たちの装いは、まことに華やかです。大きな綿の固まりで胸を膨らませ、背中にはコブをつけ、その上に真っ赤なライオンの紋章をいくつもパッチワークし、リボンやレースで飾りをつけた衣装をまといます。腰には、いくつも鈴を下げたベルト。足には木靴。手には闇の精霊から身を守る「ラモン」と呼ばれる細い小枝を束ねたようなものを持ちます。

ジルたちは夜明けとともに町に現れます。タンバリンのリズムに合わせて、ゆっくりと踊りながら通りを進み、まず知り合いと約束していた待ち合わせ場所に向かいます。そして午前一〇時までには全員がグラン・プラスに集まり、用意してきたグリーンの眼鏡と蝋の仮面で顔を隠し、正午まで踊ります。

午後、大人のジルたちはダチョウの毛で作った重さ三～七キロもある巨大な帽子を冠り、鼓笛隊の後に従って町をパレードします。行進の途中、子供のジルたちは手に持った籠からオレンジを取り出して、ほかの子の籠に投げ入れたり、友だちにぶつけたりしてふざけ合います。なかには、通りに面した家に投げ込むジルもいます。そのため、パレードのコースとなっている家では、どこも窓に格子を設けてガラスが割れないように防御しています。

パレードがグラン・プラスに戻ってくると、ロンド・ダンスが始まります。このダンスにはジル以外の人々が大勢加わるので、グラン・プラスは人で身動きができなくなるほど。日暮れとともにかがり火が焚かれ、ダンスは夜中まで続けられます。そして、最後は花火が天空にいくつもの光の模様を描いて、三日間のカーニヴァルの終わりを告げます。大人のジルたちは、この日一日、何も食べることが許されていません。口にしていいのは、シャンパンだけ。なぜビールはいけないのでしょうか。ベルギービールのファンにとっては、ちょっと残念です。

ちなみに、バンシュの町には国際カーニヴァル・マスク博物館があり、世界中のカーニヴァルで使われる仮面が展示されています。

マヌカン・ピスに見るユーモアと反骨精神

ところでベルギービールには、およそビールには相応しくないような変わった名前、ブラック・ユーモアに富んだネーミングがたくさんあります。思いつくままに、そのいくつかを挙げてみましょう。

「デリリウム・トレメンス」Delirium Tremens＝アルコール中毒による幻覚、「デューフニート」Deugniet＝ろくでなし、「ドロッサールト」Drossaard＝逃亡者、「ダイヴェルス」Duivels＝悪魔、「デュヴェル」Duvel＝悪魔、「ギヨティン」Guillotine＝断頭台、「ファーントーム」Fantome＝幽霊、「ユダス」Judas＝裏切り者、「マルール」Malheur＝災難、「モール・シュビト」Mort Subite＝頓死、「バンヘリーケ」Bangelijke＝臆病、「サタン」Satan＝悪魔、「スルーベル」Sloeber＝あわれなヤツ……。

いったいどうして、こんな変てこな名前のビールがベルギーには多いのでしょうか。その疑問を解くカギは、マヌカン・ピス（小便小僧）にあるのではないかと私は考えています。「カンティヨン・グーゼ・ランビック」Cantillon Gueuze Lambic〈**写真⑭**〉のラベルにも描かれているマヌカン・ピスは、ブリュッセルのグラン・プラス近くの四ツ辻に立っている子供の像で、三六五日絶えることなくオシッコを放出しています。伝説によると、この子供は金持ちの息子でした。ある日、祭りの雑踏の中で迷子になってしまい、親がさんざん探したが見つからない。ようやく五日目になって、この場所で小便をしているところを無事発見されたそうです。その後この話に尾ヒレがつき、ブラーバント公を捕らえようとしたフランス軍の兵隊に小便をかけて退散させ、ブリュッセルを救った英雄に仕立てられました。

ブリュッセルの市民は、誰もがマヌカン・ピスを市のシンボルと思って誇りにしています。しかし外国人には、ブリュッセルの人々の気持が分かっていないようです。たとえ幼い子供であっても、人前で裸でオシッコをするのは慎みを忘れた行為。「ブリュッセルの恥です。早く服を着せなさい」と、世界中からお叱りの言葉とともに服が市当局に贈られてくるそうです。お陰でいまでは、世界一の衣装持ちとか。その衣装は全部、グラン・プラスの市庁舎前にある市立博物館に保管されています。

ベルギーの人々から見ると、マヌカン・ピスはけっして慎みを忘れた行為でも恥でもあり

写真⑭

ません。彼等は、マヌカン・ピスを真に解放された人間の姿と見ています。ベルギーは、その歴史の始まりから独立まで、ずっと異邦人の支配下に置かれてきました。ローマ帝国、フランク（フランス）王国、オーストリア（神聖ローマ帝国）、イスパニア、フランス帝国、オランダ王国と為政者は代わっても、もとから住んでいる人々の主権はいつも無視されてきました。何が正しい行為で、何が悪い行為かは、異邦人の決めた制度によってのみ判断されてきました。そうした体制に心の奥底では疑問を抱きながらも、それに従うふりをして生きるしか仕方がなかったのです。

ブリュッセルのマヌカン・ピスが出現したのは一六一九年。ベルギーの人々がスペイン軍の圧制に苦しんでいた暗黒の時代です。人前で裸でオシッコをする行為であっても、いやそういう行為だからこそ、マヌカン・ピスは束縛のない自由な世界への憧れを象徴するものでした。しかも、ベルギー人が好むユーモアに富んだ仕種が、いっそう共感をもたらしました。ところが、ときの為政者スペイン王カール二世はこれを危険な徴候と受け取り、すぐにマヌカン・ピスに衣服を着せてしまいます。バヴァリア公マクシミリアン・エマニュエルから「愛するマヌカン・ピスへの贈り物」と称して。これを見た、当時のブリュッセル市民の嘆きは想像に難くありません。

『ベルギー史』という本を書いたジョルジュ・アンリ・デュモンは、ベルギーの人々をこう評しています。「ベルギー人は言葉遊びが好きである……ベルギー人は現世の快楽を無視する者に激しい反感を持つ……すべての制度的仕切りを打ち破ることに、最もベルギー人らしさが窺える」。私たち日本人が変てこな名前だと思うベルギービールのネーミングも、それは言葉遊びから出たものであり、現世の快楽の発露であり、すべての制度への反逆を表したものではないでしょうか。別の言葉で言い換えると、それはマヌカン・ピスに見られるのと同じユーモアと反骨精神によってつくられたものにほかならない。私は、そう思います。

専用グラスに注がれたデュヴェル Duvel
泡がカリフラワー状に盛り上がる

傷によって、小粒
の泡が立ち上がる

グラス底の引っ掻き傷

ベルギービール適温チャート

9℃	Hoegaarden Witbier
10℃	Saison 1900 Duvel
11℃	Saison Dupont Chimay Cinq Cents
12℃	De Koninck
13℃	Rodenbach Grand Cru
14℃	Chimay Bleue
15℃	Leffe Radieuse Westmalle Dubbel

173

174

175

176

177

178

CAT.S 33 CL
Bos
keun
SPECIAAL PAASBIER
BREWED & BOTTLED
BY DDB 8160
ESEN
BELGIUM

170

KOEL SCHENKEN
CAT.S
33/CLe
®
ara
bier
BREWED & BOTTLED BY
DE DOLLE BROUWERS IN
8160 ESEN BELGIUM

171

CHOUFFE
Bok
Les 4 saisons
d'Achouffe

172

164

165

166

167

168

169

158

159

160

161

162

163

152

153

154

155

156

157

146

147

148

149

150

151

139

140

141

142

143

144

145

133

134

135

136

137

138

127

128

129

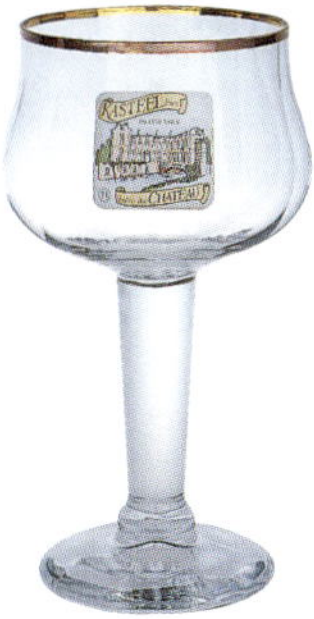

130

131

132

120

121

122

123

124

125

126

113

114

115

116

117

118

119

107

108

109

110

111

112

101

102

103

104

105

106

95

96

97

98

99

100

89

90

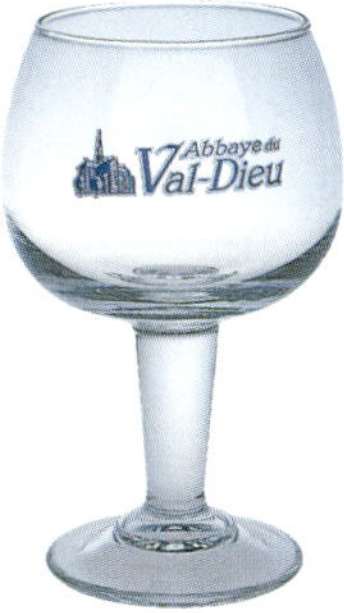

91

92

93

94

83

84

85

86

87

88

⑦⑦

⑦⑧

⑦⑨

⑧⓪

⑧①

⑧②

71

72

73

74

75

76

64

65

66

67

68

69

70

Abbaye des Rocs

Brasserie de l'Abbaye des Rocs

59

Augustijn GRAND CRU

60

BRUGSE TRIPEL

61

BRUGSE TRIPEL

Steenbrugge

62

Steenbrugge

Corsendonk

63

orval

54

Trappistes
Rochefort
8

55

Trappistes
Rochefort
10

Trappistes
Rochefort

56

Westmalle
DUBBEL DUBBEL
trappist

57

Westmalle
TRIPEL TRIPEL
trappist

Westmalle
Trappist

58

47

48

49

50

51

52

53

(41)

(42)

(43)

(44)

(45)

(46)

34

35

36

37

38

39

40

28

29

30

31

32

33

KRIEK
1998
CANTILLON
Lou Pepe

⑳

FRAMBOISE
1998
CANTILLON
Lou Pepe

㉑

CANTILLON
Vigneronne

㉒

CANTILLON

㉓

CANTILLON

㉔

CANTILLON
Rosé de Gambrinus

㉕

KRIEK
GIRARDIN
1882

㉖

FRAMBOISE
GIRARDIN
1882

㉗

BELLE-VUE

BELLE-VUE
FRAMBOISE

⑮

BELLE-VUE
FRAMBOISE

1998
OUDE
KRIEK
BOON

⑯

2000
KRIEK
BOON

⑰

2000
Framboise
Boon

⑱

Framboise
Boon

CANTILLON
Kriek 100% Lambic

⑲

⑧

Oude Gueuze

⑨

GUEUZE
GIRARDIN
1882

GIRARDIN

⑩

LINDEMANS
GUEUZE

⑪

MORT
SUBITE
Gueuze

⑫

St Louis
Gueuze

⑬

TIMMERMANS
LAMBIC

⑭

BELLE-VUE
KRIEK

光文社新書

- 042 映画は予告篇が面白い　池ノ辺直子
- 043 ビール職人、美味いビールを語る　山田一巳・古瀬和谷
- 044 パティシエ世界一 東京自由が丘「モンサンクレール」の厨房から　辻口博啓・浅妻千映子
- 045 カラー版 温泉教授の日本全国温泉ガイド　松田忠徳
- 046 米中論 何も知らない日本　田中宇
- 047 マハーバーラタ インド千夜一夜物語　山際素男
- 048 腕時計一生もの　並木浩一
- 049 非対称情報の経済学 スティグリッツと新しい経済学　藪下史郎
- 050 山岡鉄舟 幕末・維新の仕事人　佐藤寛
- 051 怪文書II 〈業界別・テーマ別〉編　六角弘
- 052 昆虫採集の魅惑　川村俊一
- 053 軽井沢 旬を味わうフレンチ　田村良雄
- 054 日本人の苗字 三〇万姓の調査から見えたこと　丹羽基二
- 055 奥州・秀衡古道を歩く　相澤史郎
- 056 犬は「びよ」と鳴いていた 日本語は擬音語・擬態語が面白い　山口仲美
- 057 僕はガンと共に生きるために医者になった 肺癌医師のホームページ　稲月明
- 058 ブランド広告　内田東
- 059 京料理の迷宮 奥の奥まで味わう　柏井壽
- 060 造形集団 海洋堂の発想　宮脇修一
- 061 ベルギービールという芸術　田村功

田村功（たむらいさお）
ビアテイスター、ビアデザイナー、ビール評論家。法政大学卒業後、コピーライターとして広告デザイン会社に30年間勤務。退社後、独学で醸造学を学ぶと共に日本地ビール協会ビアテイスターの最高位マスターイバリュエイターとマスタージャッジの資格を得る。現在、地ビールの醸造指導のほか、日本地ビール協会認定講習会の講師、週刊誌・TV等でビールの楽しみ方を解説するなど多面的に活躍中。米国醸造家協会（AOB）、米国醸造化学者協会（ASBC）会員。訳書に『マイケル・ジャクソンの地ビールの世界』（柴田書店）、『世界ビール大百科』（大修館書店）。

ベルギービールという芸術《げいじゅつ》

2002年9月20日初版1刷発行

著　者 — 田村功
発行者 — 松下厚
装　幀 — アラン・チャン
印刷所 — 萩原印刷
製本所 — ナショナル製本
発行所 — 株式会社光文社
東京都文京区音羽1　振替00160-3-115347
電　話 — 編集部03(5395)8289　販売部03(5395)8112
業務部03(5395)8125
メール — sinsyo@kobunsha.com

 ISBN 4-334-03161-7

ベルギービール名鑑

11カテゴリーに分類

ベルギービールの醸造家は「ベルギーに同じ味のビールは2つとない」と言います。ということは、ベルギービールの中から似通った味のものを探し出し、いくつかに分類することはどだい無謀な試みということになります。アントヴェルペンに在住してベネルックス（ベルギー、オランダ、ルクセンブルク）のビールを研究しているペーテル・クロンベク氏も、「ベルギービールのようにひとつひとつの個性を大切にしているビールをグルーピングすることには疑問を持つ」と言っています。この意見には、私もまったく賛成です。

その一方で、ベルギービールに限らず世の中にあるものに対して理解を深めるには、体系的な分類が欠かせません。「科学」という言葉は、元来が「分類」を意味しているわけですから、分類ができないということは科学的に知ることができないことを意味します。いくらユニークなビールばかりが揃っているベルギービールであっても、その世界を解明しようとするなら分類することを避けて通ることはできません。

とはいえ、イギリスのビールやドイツのビールのようにベルギービールを味で分類することは困難です。かりにできたとしても、あるグループの中のビールはみんな同じ味だと誤解される危険性があります。そこで私は、味での分類ではなく、別の視点からの分類を考えてみました。基本的な考え方は、次の通りです。

1つは、造られている土地による分類。大きく分けてフランデレン（北部オランダ語地域）のビールかワロニー（南部フランス語地域）のビールかという分け方をし、それぞれを色の濃

淡で分けます。

2つ目は、伝統的な醸造方法による分類。醸造方法として世界に類のないランビック（自然発酵ビール）や、ベルギーを発祥とするフランダース・エイジドエール（長期熟成エール）とウィートエール（小麦エール）、それにスパイスやハニーを使うフレーヴァードエールなどが、これに含まれます。

3つ目は、アルコール度数による分類。ベルギービールにはアルコール度数の高いものが結構多く見られるため、7％を超える高アルコールビールをひと括りにしました。

4つ目は、発売季節による分類。春夏秋冬それぞれの季節に売り出されるビールを、シーズナルエールとしてグルーピングしました。

また、以上の4つの視点とは関係なく、トラピストビールや修道院に関係する名前がつけられたビール（ホーリィエール）とドイツ系のビール（ベルジャン・ピルスナー）を、それぞれ1つのカテゴリーとしました。

こうした考え方をもとに、この本ではベルギービールの大方を11のカテゴリーに分類しています。もとより私は、この分け方が完璧であるとも唯一のものであるとも思っていません。たとえばマイケル・ジャクソン氏も11のカテゴリーに分類（田村訳『マイケル・ジャクソンの地ビールの世界』柴田書店）していますが、私とは全然違う視点で括っています。ベルギー在住のビール研究家ヘールト・ファン・リエルデ氏は、ローアルコールビールまで含めて21のカテゴリーに分類しています（*Bier in Belgie*）。前述のペーテル・クロンベク氏は、さらに多い60有余のカテゴリーに細かく分けています（http://www.dma.be/p/bier/beer.htm）。私の場合は、ベルギービールの複

雑な世界を地図を眺めるように鳥瞰できるようにしたいと思い、このような分け方を試みました。
※本書のデータは、2002年7月現在のものです。同じ銘柄でもアルコール度数や醸造所が変わる場合があります。
※本書では、フランス語表記のビール名からアクセント符を省略しています。

1 ランビック系

ランビック系のビールを造っている醸造所は、現在12カ所。ブリュッセルの郊外にあるパヨッテンラントとゼンネ（センヌ）谷に10カ所、それからブリュッセルのシント・ヤンス・モレンベークとアンデルレフトにそれぞれ1カ所ずつあります。いずれも、ブリュッセルの西と南から市内に流れ込むいくつかの川の周辺にあることが特徴で、なかでもゼンネ（センヌ）川沿いにはボーン、アウトベールセル、ドリー・フォンテネン、カンティヨン、ベルビュウの5カ所の醸造所が置かれています。

ランビックは、世界で最もユニークなビールです。

ビールの原料に生の小麦を30％以上用いることは、ベルギー以外の国ではやりません。3年以上貯蔵した古いホップを使うという珍しいことも、ランビックだけ。普通のビール醸造家は絶対にやりません。そして最大のユニークさは、なんといっても野生酵母を使って発酵させているところにあります。現代のビールは、必ず培養した酵母を使って発酵させますが、ランビックに限ってはそれを使いません。醸造所の中や周囲に棲息している86種類の野生酵母（ブレタノマイセス・ランビクスやブレタノマイセス・ブリュッセルンシスなど）を利用しています。ですから、イギリス・エールが上面発酵ビール、ドイツ・ラガーが下面発酵ビールと呼ばれるのに対して、このラン

ビックは自然発酵ビールと言われています。

野生酵母を使うという点では、ワインと同じです。ワインの場合は、畑にあるうちにブドウの皮に付着した野生酵母がブドウの果汁に含まれている糖分を食べてアルコールと炭酸ガスを造り出します。ランビック・ビールの場合は、空中に浮遊している野生酵母が麦汁の中の糖分を食べてアルコールと炭酸ガスを造ります。ただし、ワインとランビックでは同じ野生酵母でも種類が違うので、同じようなお酒にはなりません。

野生酵母を取り込むタイミングは、煮沸を終えた麦汁を冷やすときです。煮沸釜から取り出された100℃近い麦汁は、屋根裏部屋に設けたクールシップ（プールのような形をした銅の冷却槽）に移され、自然の空気にさらしながら一晩かけて18℃ないし20℃まで温度を下げます。40℃まで下がったときに、空中に浮遊している野生酵母が麦汁に侵入し始めます。麦汁の温度を一夜で適温に下げるには、秋から翌春にかけての季節が好都合です。ですから、ランビックの醸造所は10月末から翌年の4月始めまでの5カ月間しか、仕込みをやりません。またこの期間には、野生酵母も外の冷気を避けてクールシップの置かれた屋根裏部屋に集まってくると、醸造家たちの間で信じられています。

野生酵母を取り込み19℃前後に冷やされた麦汁は、パイプ（650リットル入り）とかホグスヘッド（250リットル入り）と呼ばれるオークの樽（または栗の樽）に移されます。数日後に発酵が始まり、それから3、4日は炭酸ガスが大量に発生します。そのため、樽を壊さないように栓を開けておかなくてはなりません。開けた栓からは炭酸ガスと一緒に泡が溢れ出すため、5リットルから10リットルのビールが失われます。

炭酸ガスと泡の放出が終わると樽の栓が閉じられますが、その後も発酵はゆっくりと、しかも恐ろしく長い期間に亘って進行します。その期間は、なんと2年半から3年。この間に、86種類の野生酵母のうち、とくにブレタノマイセス・ランビクスとブレタノマイセス・ブリュッセルンシスという学名を持つ2つの酵母は、普通のビール酵母が食べないデキストリンという非発酵性糖分まで貪欲に食べてしまいます。その結果、甘味がどんどん消えて、3年間発酵を続けたランビックにはわずか0.2%しか糖分が残っていません。

それからまた、2年半から3年に及ぶ発酵期間中には、20%程度のビールが樽から漏れて失われます。その分だけ樽に隙間ができるわけで、ビールが空気と触れて酸化してしまうのではないかと心配されますが、ランビックに限ってそれは大丈夫。ちょうどフィノ・シェリーと同じように、野生酵母がビールの液面にフロール（灰白色の膜）をつくり空気と直に触れるのを防ぐからです。

ランビックは、この発酵を終えた段階で飲める状態になっています。が、たいていの場合、もう1年間は寝かせ、十分に熟成させてから売りに出します。中には、さらに3年以上も寝かせたヴィンテージものもけっして珍しくありません。

ランビックの野生酵母は発酵の途中で、乳酸とフェノール化合物を造り出します。乳酸はビールを酸っぱくし、ウォッシュタイプのチーズやタクアンに似た匂いをつけます。フェノールはレザー（なめし皮）のような匂いをもたらします。そのため、ランビック以外のビール醸造所は野生酵母を目の敵《かたき》にして、絶対に寄せつけません。一般の醸造家にとって、野生酵母は危険分子なのです。

その危険分子を、ランビックの醸造家は最良の友と考えて、後生大事に抱え込んでいます。野生酵母がいつでも侵入できるように、仕込みの期間中は窓を開けたままにしておきます。屋根瓦や壁のレンガが壊れたり外れたりしても、修理しません。神様が新たに設けてくれた〈野生酵母の入り口〉と考えるからです。

醸造所の床や天井も、掃除していいところと、してはいけないところを区別しています。野生酵母が棲みついていると見られる場所は、絶対に掃除をしてはいけません。天井に張ったクモの巣を取り払うのはもってのほか。なぜなら、クモの巣はショウジョウバエを捕ってくれるからです。ショウジョウバエはあちこちを飛び回って好ましくない微生物を身体や足にくっつけてきますから、それが１匹でも仕込み中の麦汁に飛び込むとビールの味が損なわれます。

ランビック系ビールの風味の特徴は、この野生酵母が生み出す味、つまり乳酸とフェノールの味と言ってもいいでしょう。ですから、ランビックを初めて飲む人は、その味があまりにもビールとは違うためにビックリします。たいていの人は、ビールは酸っぱくないお酒だという先入観を持っていますから、口に含んだとたんに舌に沁み入る酸味に仰天し、思わず吐き出す人もいます。鼻につくチーズやタクアンのような香りに激しい違和感を持ち、これはいただけないと抵抗感を持つ人も少なくありません。

私も最初はそうとう抵抗がありましたが、３回も飲むうちにすっかりランビックの虜《とりこ》になりました。酸っぱさに慣れると、これほど爽やかなビールはありません。乳酸の匂いもビールらしくないから違和感を持ったまでで、しょっちゅう食べている

味噌汁やお新香の香りですから不快なわけがありません。クセの強いチーズが好きな私には、むしろ大歓迎です。レザーに似たフェノール臭も3回目には心地よい香りに変わり、もっと飲み続けるうちにこれがランビックに独特のコクをもたらすうえで大事な役割を担っていることも分かってきました。

長く寝かせたものほど口当たりがドライで、複雑な風味が生まれ、味わいがだんだんとワインに似てきます。

ご参考までに、ランビック系ビールの醸造所名を挙げておきましょう。

ベルビュウ Belle Vue 醸造所／ボーン Boon 醸造所／カンティヨン Cantillon 醸造所／デ・カム De Cam 醸造所※／デ・トロフ De Troch 醸造所／デ・ケールスマーケル De Keersmaeker 醸造所／ドリー・フォンテネン Drie Fonteinen 醸造所／ハンセンス・アルチザナール Hanssens Artisanaal 醸造所※／ジラルダン Girardin 醸造所／リンデマンス Lindemans 醸造所／アウトベールセル Oud Beersel 醸造所／ティンメルマンス Timmermans 醸造所

以上の12社のうち、※印をつけた醸造所は、ほかから野生酵母を取り込んだ麦汁を買ってきて発酵とブレンドを行っているところで、正式にはグーゼステケレイ（グーゼ・ブレンダー）と呼びます。

ほかに、インヘルムンステルにある ファン・ホンセブラウク Van Honsebrouck 醸造所とベレヘムにあるボックオル Bockor 醸造所が自然発酵ビールを造っていますが、いずれもパヨッテンラントやゼンネ（センヌ）川沿いにあるメーカーではないので、正式には「ランビック」という呼称を使うことは許されていません。

A　ストレート・ランビック

2年半から3年の発酵を終え、何もブレンドしないで飲まれるランビック。風味の特徴は、ランビック系ビールの中で最も酸味が強くかつドライです。また、野生酵母の特性が醸造所の場所によって違うため、その香りや味わいはメーカーごとに著しい違いが見られます。伝統的には木樽から陶器のジャーに移し、それからグラスに注いで飲みます。泡はほとんど立ちません。現代ではステンレス樽やシャンパン・ボトルに詰めたストレート・ランビックも出回っており、ボトル入りは日本でも手に入れることができます。

ストレート・ランビックの銘柄……………………………

カンティヨン・グランクリュ・ブルオクセラ Cantillon Grand Cru Bruocsella ①、5.0 %、カンティヨン醸造所（ブリュッセル市アンデルレフト区）

大麦麦芽65 %に生の小麦35 %を合わせて麦汁を造り、発酵に3年、シャンパン・ボトルに詰めてからさらに3年間寝かせた、カンティヨン醸造所自慢のストレート・ランビックです。すこぶる辛口で、複雑に混じり合った芳醇なアロマが特徴。シェリーの最高峰といわれるパロコルタードを飲むような爽快感に満ちたビールです。

カンティヨン・イリス Cantillon Iris ②、5.0 %、カンティヨン醸造所（ブリュッセル市アンデルレフト区）

伝統的なランビックは大麦麦芽に生の小麦を35 %加えて仕込んでいますが、「カンティヨン・イリス」は大麦麦芽100 %のランビック。ホップは通常のビールのように新鮮なものを用

い、オーク樽に詰め野生酵母で2年間発酵させてからシャンパン・ボトルで熟成させます。伝統的なランビックより麦芽風味が強調されたフルボディのランビックです。

B　ランビックドウス（ソフトランビック）

ブリュッセル市内にあるいくつかのカフェでのみ供される、濾過《ろか》したランビック。非発酵性のブラウンシュガーで甘味をつけ酸味を和らげて飲みやすくしています。いまのところボトル入りはなく、日本には入っていません。

C　グーゼ・ランビック

ストレート・ランビックよりも乳酸味とフェノール香が軽く、ほのかな甘味とフルーティーな香りが加わったシャンパン・ボトル入りビール。2〜3年寝かせた古いランビックに1年しか寝かせていない若いランビックを大体3：7の割合でブレンドし、シャンパン・ボトルに入れてコルクの栓をし、半年以上寝かせます。その結果、ストレート・ランビックにはないピチピチとした泡が封じ込められるとともに、若いランビックに備わっているフルーティーな香りと甘味が生かされるので、スパークリング・ワインのような爽やかな味わいになります。古いランビックの比率が高いものほど、深く、長く残る香りを持つグーゼとなり、なかには古酒の比率85％というものもあります。ボトルに詰めてからの熟成期間も長いほどよく、1年半以上寝かせたものをオールドを意味する「アウデ」Oudeと呼びます。

グーゼ・ランビックの銘柄……………………………………………

アウデ・グーゼ・ボーン Oude Geuze Boon ③、7.0％

アウデ・グーゼ・ボーン・マリアージュ・パルフェ Oude Geuze Boon Mariage Parfait ④、8.0 %、ボーン醸造所（ブリュッセル郊外レムベーク）

ブレンド後、通常は半年過ぎて出すところを1年（マリアージュ・パルフェは2年）も貯蔵室で横に寝かせます。その口当たりは、実にふんわりとやわらか。オークの香りに加えていくぶんルバーブを思わせるフルーティーな香りが感じられ、飲み込んでからドライなアルコールの辛さが口の中に広がります。マリアージュ・パルフェは年間1万6000本の限定品です。

カンティヨン・グーゼ・ランビック Cantillon Gueuze Lambic ⑤、5.0 %、カンティヨン醸造所（ブリュッセル市アンデルレフト区）

3年物、2年物、1年物と3種類のランビックをブレンド。一口飲んだときに、乳酸の香りとともにレモンを思わせるフルーティーな香りが現れます。口当たりはドライでしゃきっとしたメリハリがあって、まことに爽やか。飲み込んだとたんに思わず身震いするほどの酸っぱさが広がりますが、慣れるとこれがすこぶる快感です。

カンティヨン・グーゼ・ランビック・ルペペ Cantillon Gueuze Lambic Lou Pepe ⑥、5.0 %、カンティヨン醸造所（ブリュッセル市アンデルレフト区）

シャンパンの製法を取り入れたニュータイプのグーゼ。ボルドーワインの空き樽で発酵させた3年もののランビックに若いランビックをブレンドし、ボトルに詰めるときシャンパンと同じように特製のリキュールを少量加えてビン内での二次発酵を

促進しています。オーソドックスなグーゼよりも、味わいにコクが感じられます。

ドリー・フォンテネン・アウデ・グーゼ Drie Fonteinen Oude Geuze ⑦、6.5 %、ドリー・フォンテネン醸造所（ブリュッセル郊外ベールセル）

1000 リットルの大型オーク樽で発酵させた 3 種類のランビック（3 年物、2 年物、1 年物）をブレンドし、750 ミリリットルのコルク栓つきシャンパン・ボトルに詰めてから貯蔵室で 2 年間熟成。ラベルに記されている数字は詰められた年の年号。その口当たりは実に柔らかく、まろやかな酸味とレモンを思わせるフルーティーな香りの調和が見事です。

ハンセンス・アウデ・グーゼ Hanssens Oude Gueuze ⑧、5.0%、ハンセンス醸造所（ブリュッセル郊外ドヴォルプ）

古酒が 80 %を上回る贅沢な造りのグーゼ。グーゼに典型的なリンゴのような香りとはちょっと違うルバーブの香りが印象的です。これだけ古酒の比率が高いと酸味が柔らかく、口当たりもドライでサラッとしているので、飲み飽きることがありません。アルチザナール（ブレンド職人）を自認するハンセンスらしいグーゼの逸品です。

グーゼ・ジラルダン 1882 Gueuze Girardin 1882 ⑨、5.0 %、ジラルダン醸造所（ブリュッセル郊外シントウルリクスカペレ）

1882 はジラルダン醸造所の創業の年を表します。「グーゼ・ジラルダン 1882」の特徴は、乳酸とは思えないスパイシーな香りを伴う酸味。口に含んでいると、グレープフルーツ、リン

ゴ、杉、干し草などの香りが走馬灯のように次々と現れては消えていきます。白ラベルは酵母を濾過したグーゼ、黒ラベルは酵母入りで、いずれもアルコール５％です。

リンデマンス・グーゼ Lindemans Gueuze ⑩、5.0％、リンデマンス醸造所（ブリュッセル郊外ヴレゼンベーク）

まろやかで、〈艶やか〉とも表現したくなる洗練された酸味を持つグーゼ・ランビック。その艶やかさは、おそらくレモンを思わせるフルーティーなアロマによってつくられているのでしょう。みずみずしい甘味がグーゼにしてはやや強い苦味と相まって、爽快感を高めています。ふんわりとした柔らかさは、豊かな泡立ちによります。

モール・シュビト・グーゼ・ランビック Mort Subite Gueuze Lambic ⑪、4.3％、デ・ケールスマーケル醸造所（ブリュッセル郊外コベヘム）

アルケン・マース社傘下のデ・ケールスマーケル醸造所は、ランビック系では最大のメーカーで年間生産量7500キロリットル。そのグーゼ・ランビックは、〈通〉を感心させるよりも大衆に愛される線を狙って造られています。味わいの特徴は、爽やかなフルーティー・アロマ。酸味はごく控えめで、甘味も抑えられ、飲み飽きません。

サン・ルイ・グーゼ St. Louis Gueuze ⑫、4.5％、ファン・ホンセブラウク醸造所（西フランダース〈ヴェスト・フランデレン〉州インヘルムンステル）

パヨッテンラントから遠く離れた西フランダース州の醸造所

の中に野生酵母が発生する環境をつくり、ランビックと似た自然発酵ビールを造りました。「サン・ルイ・グーゼ」は産地的に正統派ではありませんが、その軽やかな口当たり、爽やかな酸味、マッシュルームを思わせる香り、スッキリとした喉ごしなどが、幅広い人気を集めています。

ティンメルマンス・グーゼ・ランビック Timmermans Gueuze Lambic ⑬、5.0 %、ティンメルマンス醸造所（ブリュッセル郊外イッテルベーク）

一口で言うと、大衆向けグーゼ・ランビック。飲みやすさを第一に考えているのでしょう、甘味を加えて酸味をマイルドにし、複雑な風味よりもみずみずしさを強調しています。良く言えばクセのないグーゼ、悪く言えば退屈なビール。グーゼを初めて飲む人にもまったく抵抗感を持たせません。とくに女性の初心者には人気です。

D　フルーツランビック

高級なフルーツランビックは、2年物のランビックにフルーツを入れ、フルーツの香りと甘味、それに色味をつけるためにさらに3カ月以上寝かせてから、1年未満の若いランビックを加えてボトルに詰めています。使用されるフルーツはクリーク（チェリー）とフランボアーズ（ラズベリー）が昔から有名で、近年はカシス、ペーシュ（ピーチ）、バナナ、パイナップルなど多様な種類が登場してきました。クリークには、ブリュッセル東北部で採れる「スハールベーク」という品種のチェリーが最良。ですが、収穫量が少なく高価であるため、近年は東欧産の「ゴーセム」「デュ・ノール」といった品種を使うケースが

増えてきました。しかしやはり、香りの素晴らしさの点では「スハールベーク」に一歩も二歩も譲るとか。伝統的なクリークやフランボアーズは、チェリーやラズベリーを生の粒のまま発酵中のランビックの樽に入れていますが、フレーヴァーを強化するために潰して果汁にしたものを混合している醸造所もあります。クリーク、フランボアーズ以外のフルーツランビックには、通常果汁だけを使います。

フルーツランビックの銘柄…………………………………………

ベルビュウ・クリーク Belle Vue Kriek ⑭、5.2 %
ベルビュウ・フランボアーズ Belle Vue Framboise ⑮、5.2 %、ベルビュウ醸造所（ブリュッセル市シントヤンスモレンベーク区）

ベルビュウ醸造所のフルーツランビックは、発酵開始後 4 カ月過ぎたランビックの樽にチェリーやラズベリーを漬け、そのまま 1 年間発酵を続けた後に、若いランビックをブレンド。ボトルに詰めるとき、香りを強め甘味を整えるために、果汁と果糖を少量加えています。「クリーク」も「フランボアーズ」も、グラスに注ぐときフルーツの華やかな香りが漂い、周囲の人を魅了します。口の中では強い酸味が現れ、後口に洋梨とバナナの香りがほのかに残ります。いずれも職人技の感じられるビールではありませんが、値段が手ごろでフルーツの華麗な香りが満喫できますから、初心者がフルーツランビックの入門ビールとして飲むには最適でしょう。

ボーン・アウデ・クリーク Boon Oude Kriek ⑯、5.0 %
ボーン・クリーク Boon Kriek ⑰、5.0 %

ボーン・クリーク・マリアージュ・パルフェ Boon Kriek Mariage Parfait、6.0 %
ボーン・フランボアーズ Boon Framboise ⑱、6.0 %、ボーン醸造所（ブリュッセル郊外レムベーク）

ボーン醸造所のフルーツランビックは、二次発酵で甘味を酵母に食わせてドライに仕上げ、チェリーやラズベリーを強すぎず上品に香らせるという伝統的な造り方に徹しています。果汁を加えることなく粒状の生のフルーツだけを漬け、シャンパン・ボトルに詰めてから長期間寝かせています。「アウデ・クリーク」も「フランボアーズ」も、熟した果実のアロマといくぶんタンニンの効いたオーク樽のフレーヴァーが柔らかな酸味とよく調和し、ボジョレー・ヌーヴォーにも匹敵する素晴らしい味わい。後口もべたつかず、実に爽やかです。飲み込んだ後に、レモンに似た香りがほのかに残り、心地よいフィニッシュを迎えます。

カンティヨン・クリーク・ランビック Cantillon Kriek Lambic ⑲、5.0 %
カンティヨン・キュヴェ・ルペペ・クリーク Cantillon Lou Pepe Kriek Lambic ⑳、5.0 %
カンティヨン・キュヴェ・ルペペ・フランボワーズ Cantillon Lou Pepe Framboise ㉑、5.0 %
カンティヨン・ヴィニュロンヌ Cantillon Vigneronne ㉒、5.0 %
カンティヨン・アプリコット Cantillon Apricot ㉓、5.0 %
カンティヨン・サン・ラムヴィニュ Cantillon Saint Lamvinus ㉔、5.0 %

カンティヨン・ロゼ・ド・ガンブリヌス Cantillon Rose de Gambrinus ㉕、5.0％、カンティヨン醸造所（ブリュッセル市アンデルレフト区）

カンティヨン醸造所のフルーツランビックは、いずれも２年間発酵を続けたランビックにフルーツを漬けた後、熟成に５～６カ月間かけています。ボトルに詰めるときには、再発酵を促すために若いランビックを30％までブレンドします。その比率が高いため出荷後に炭酸ガスの圧力で栓が飛ぶ可能性があり、コルクを打ってからさらに金属の王冠を被せています。若いランビックの比率を高めているのは、ボトル内の発酵を促進して酵母に糖分を食わせ、スッキリとした辛口に仕上げるため。「辛口」はカンティヨンのフルーツランビックに共通する特徴です。「クリーク」には高級な「スハールベーク」種のチェリーだけを使用。「ルペペ」と表示されているものは、ボトル詰めの際に自家製リキュールを加えています。「ヴィニュロンヌ」はマスカットぶどう、「アプリコット」は杏《あんず》、「サン・ラムヴィニュ」は黒ぶどう（メルローとカベルネ・フラン）を使ったフルーツランビック。「ロゼ・ド・ガンブリヌス」はフランボアーズとクリークのブレンド・ビール。いずれもカンティヨンのオリジナルで果汁を添加していません。

ジラルダン・クリーク 1882 Girardin Kriek 1882 ㉖、5.0％
ジラルダン・フランボアーズ 1882 Girardin Framboise 1882 ㉗、5.0％、ジラルダン醸造所（ブリュッセル郊外シントウルリクスカペレ）

この醸造所のフルーツランビックは、軽く上品なフルーツのアロマと調和した柔らかな酸味を特徴としたビールです。口に

含んでいると、軽い甘味と苦味も感じられ、ランビック独特の乳酸の香りとともにプラムや杏を思わせる複雑な香りが姿を現してきます。やがて甘味と苦味が消え、飲み込んだとたんに、強い酸味に一転。初めは心地よいフルーツの香りを楽しませ、後半はグーゼ・ランビックを飲むような強い酸味を感じさせる二段構えの展開です。「クリーク」の色は明るいピンク、「フランボアーズ」は紅茶に似た淡い琥珀色をしています。

リンデマンス・クリーク Lindemans Kriek ㉘、4.0 %
リンデマンス・フランボアーズ Lindemans Framboise ㉙、4.0 %
リンデマンス・ペシュレス Lindemans Pecheresse ㉚、4.0 %
リンデマンス・カシス Lindemans Cassis ㉛、4.0 %
リンデマンス・ティー・ビール Lindemans Tea Beer ㉜、4.0 %、リンデマンス醸造所（ブリュッセル郊外ヴレゼンベーク）

リンデマンス醸造所は、生のフルーツを使わずに果汁だけで造るという新しい製法を他に先駆けて導入しました。果汁だけで造ると風味の奥行きに欠けるという問題も家伝の技術で解決し、オーク樽の香りを伴う華麗なフルーツ・フレーヴァーと艶やかで強烈な酸味を持つビールに仕立てています。とくに「カシス」は一度飲んだら忘れがたく、デザート・ビールとして絶品中の絶品。ラベルに妖艶な裸の女性が描かれた「ペシュレス」（罪深い人）は、中身がペーシュで、言葉遊びの好きなベルギー人が喜ぶ意味深長なネーミングです。「ティー・ビール」は紅茶とともに熟成させた後、ボトルに詰めています。写真のグラスはこれらの銘柄に共通して使えます。

モール・シュビト・クリーク Mort Subite Kriek、4.3 %
モール・シュビト・フランボアーズ Mort Subite Framboise、4.3 %
モール・シュビト・ペーシュ Mort Subite Peche ㉝、4.3 %
モール・シュビト・カシス Mort Subite Cassis、4.3 %、デ・ケールスマーケル醸造所（ブリュッセル郊外コベヘム）
「モール・シュビト」は「頓死」の意味。1880 年からブリュッセルにある有名なカフェの名前です。1970 年に、デ・ケールスマーケル醸造所がこのカフェを買い取り、同名のランビック系ビールを造り始めました。「ペーシュ」はピーチの果汁、「カシス」はブラックカーラントの果汁を加えています。「クリーク」と「フランボアーズ」を含め、「モール・シュビト」のフルーツランビックは、乳酸味を軽くして甘味とフルーツの香りを強め、誰でも抵抗なく楽しめるように仕立てられています。値段も手ごろなので、気軽に飲めるという良さもあります。写真のグラスはこれらの銘柄に共通して使えます。

サン・ルイ・クリーク・ランビック St. Louis Kriek Lambic ㉞、4.5 %
サン・ルイ・フランボアーズ・ランビック St. Louis Framboise Lambic ㉟、4.5 %
サン・ルイ・ペーシュ・ランビック St. Louis Peche Lambic ㊱、4.5 %
サン・ルイ・カシス・ランビック St. Louis Cassis Lambic ㊲、4.5 %、ファン・ホンセブラウク醸造所（西フランダース州インヘルムンステル）
　ファン・ホンセブラウク醸造所はランビックの本場であるパ

ヨッテンラントにはありません。そのため正統なランビックとは見なされませんが、味わいは本場のフルーツランビックにひけをとりません。生のフルーツでなく果汁を使い、フルーツの香りとランビックの乳酸味をバランスよく調和させています。口当たりも甘過ぎず辛過ぎず、後味がすこぶる爽やか。なかでも「ペーシュ」が素晴らしく、グラスを鼻に近付けるとピーチの妖艶なアロマが堪能できます。口の中ではピーチの甘味と乳酸の酸味が見事に調和し、喉を爽やかに潤します。写真のグラスはこれらの銘柄に共通して使えます。

ティンメルマンス・クリーク・ランビック Timmermans Kriek Lambik ㊳、4.5 %
ティンメルマンス・フランボアーズ・ランビック Timmermans Framboise Lambik ㊴、4.5 %
ティンメルマンス・ペーシュ・ランビック Timmermans Peche Lambik ㊵、4.5 %
ティンメルマンス・カシス・ランビック Timmermans Cassis Lambik ㊶、4.5 %、ティンメルマンス醸造所（ブリュッセル郊外イッテルベーク）

ティンメルマンス・ビールの特徴は、なんといっても「取っ付きやすさ」「飲みやすさ」にあります。フルーツランビックも例外ではありません。飲みやすさの秘訣は、フルーツの香りを際立たせるとともに甘味を強めて酸味を和らげ、みずみずしい口当たりに仕上げているところにあります。「クリーク」はあらかじめ潰した「スハールベーク」種のチェリーを使っているので、単に香りが強いだけでなくリッチで深みのある風味をつくり出しています。「フランボアーズ」も甘味と調和した艶

やかなラズベリーの香りが印象的。いずれもオークとタンニンの風味を伴います。この2つに比べ「ペーシュ」と「カシス」は平凡な感じを否めません。

シャポー・クリーク Chapeau Kriek ㊷、3.0 %
シャポー・フランボアーズ Chapeau Framboise、5.5 %
シャポー・エキゾティック（パイナップル） Chapeau Exotic、3.0 %
シャポー・フレーズ（ストロベリー） Chapeau Fraises ㊸、3.0 %
シャポー・ミラベル（プラム） Chapeau Mirabelle、3.0 %
シャポー・ペーシュ Chapeau Peche、3.0 %
シャポー・トロピカル（バナナ） Chapeau Tropical、3.0 %、デ・トロフ醸造所（ブリュッセル郊外テルナットヴァムベーク）

　ランビック・メーカーの老舗、デ・トロフ醸造所の低アルコール（3 %）フルーツランビック。いずれも生の果実は使っていません。「クリーク」は強いチェリーの香りと甘味が特徴。「フレーズ」はストロベリー・ランビックで、どこか苺ヨーグルトを思わせるキャラクターが感じられます。伝統的なフルーツランビックではありませんが、このストロベリーのほかバナナ（名前は「トロピカル」）、プラム（同「ミラベル」）、パイナップル（同「エキゾティック」）など、「シャポー」には面白い素材が使われているので試す価値はあります。写真のグラスはこれらの銘柄に共通して使えます。

E　ファロ

まだ若く酸っぱいランビックにキャンディー・シュガー（氷砂糖）を加えて樽詰めし、甘く飲みやすくするとともに二次発酵によってスパークリングをつけたビール。ハーブやスパイスで香りづけしているものも見られます。ファロはブリュッセルを中心に16～19世紀に盛んに飲まれたビールで、ベルギーの民話にもよく登場します。ファロの語源には諸説ありますが、ポルトガルのワインに由来するという説が最有力。それによると、16世紀後半にイベリア半島からきたスペイン兵が、故郷のファロ・ワインとそっくりな色のランビック系ビールを「ファロ」と呼んだたために、この名前が広まったといいます。長く保存しておくと氷砂糖が発酵して甘味が消えるとともに、炭酸ガスの圧力が異常にかかるため、ボトルに詰めるときは熱処理して発酵が進まないようにしています。

ファロの銘柄 ……………………………………………………

ボーン・ファロ・ペルトタレ Boon Faro Pertotale ㊹、6.0％、ボーン醸造所（ブリュッセル郊外レムベーク）

ランビックに「マルス」をブレンドしブラウン・シュガーを加えてボトル詰めしたビール。熱処理されているので、長期保存に耐えます。「マルス」は糖分濃度の低い麦汁から造るアルコール2～3％のランビックのこと。「ボーン・ファロ・ペルトタレ」はスイートワインのような味わいで、食後酒としてのほか夜遅い時間に楽しむのにも適しています。

リンデマンス・ファロ・ランビック Lindemans Faro Lambic ㊺、4.8％、リンデマンス醸造所（ブリュッセル郊外ヴレゼンベー

ク）

2年半の発酵を終えたランビックにひと夏しか経ていない若いランビックをブレンドし、ボトル詰めの際に氷砂糖を加えたビール。ボトルの中で再発酵しないように酵母を濾過してあるので、長期保存に耐えます。ワイン風なキャラクターと甘味が相まってつくり出す味わいは、食後のデザートによく合うほか、休日のおやつの時間をリッチに演出します。

2　ホーリィエール系

ホーリィエールとは、カソリック修道院と何らかの関係を持つ「聖なるビール」を指します。それらは、実際に修道院の中で造られているビールもあれば、名前だけを教会や修道院から借用したものもあります。また、遠い昔に司祭や修道士として活躍し、今日も聖人として崇められている人の名前をつけたビールもこれに含まれます。

ベルギーを始めヨーロッパにおいて、ビールとキリスト教（カソリック）との結びつきが始まったのは6世紀の初め頃です。486年に西ローマ帝国のシアグリウスを「ソワソンの戦い」で破ったフランク族の支配者クロヴィスが、まず最初にやったことはメロヴィング王朝をたて、ベルギカのトゥルネー（現ベルギーのエノー州にある町）をフランク王国の首都とすることでした。またこの町にキリスト教の布教を推し進める大司教座（監督教会）を設け、ビールの醸造所を持つ修道院を次々と建てる政策を打ち出しました。ビールは栄養価に富み、病気を伝染しないことから神の恵みと考えられていたのです。

8世紀になると、カロリング家のピピンが王座を獲得しカロ

リング王朝を樹立しました。ピピン王は、ベルギカ南部のサン・ドニ修道院にホップ農園を献納したと記録に残っていますから、ビールにも深い関心を寄せていたことが窺えます。そのピピン王がジュピル（現ベルギーのリェージュ州）で生ませた男子は、後にゲルマン民族を統一して大帝国を構築し、シャルルマーニュ大帝（カール大帝）となります。シャルルマーニュ大帝は、スイス、イタリア、バヴァリアなどを支配下におさめた後に、ローマ教会で戴冠してフランク王国を史上初のキリスト教帝国として権威づけを行うとともに、修道院を民衆支配の政治拠点として利用しました。

修道院活動を行ううえで、ビールは欠かせない飲み物でした。修道院長の賓客として視察に訪れる皇帝や領主たちには、どこよりも上等のビールを供しなければなりません。また、衛生管理の行き届かない当時、生水は病気のもとです。修道士たちの喉の渇きはビールで潤しました。さらに、修道士に断食を強いるレント（四旬節）の期間は、日曜を除く40日の間、飲まず食わずに過ごさなければなりません。ただし、飢えと寒さをしのぐために、ビールを飲むことだけは許されていました。修道士たちにとって、ビールは「液体のパン」であったのです。修道院はまた、お金のない巡礼者にとって、無料で泊れる宿舎でもありました。一夜の宿を求めてやってくるたくさんの巡礼者に対して、食事はもとより、水に代わる安全な飲み物としてビールを提供しなければなりません。そのため、修道院では毎日大量のビールを用意しておく必要がありました。

こうした大量の需要に応えるために、修道院内にはビール醸造所が設けられ、修道院長には醸造に明るい人が任命されました。トゥルネーの大司教座の指揮のもとに614年に創立され、

9世紀にはヨーロッパで最大規模を誇ったザンクト・ガレン修道院（現スイス）には、大中小合わせて3カ所のビール醸造室があったと記録されています。一番大きな醸造室では「テルティア」と呼ばれる巡礼者用ビールが造られ、二番目に大きな醸造室では「セクンダ」という修道士用ビールが造られ、一番小さな醸造室では「プリマ」と称される賓客用ビールが造られました。このうち「プリマ」はアルコール度数が高く麦芽風味の濃厚な高級ビールであったと考えられ、「テルティア」はかなり水に近く、ただ喉を潤すだけに造られた低アルコールビールであったと推測されています。

修道院では、ただビールを大量に造るだけでなく、栄養価の高いビールや腐敗しにくいビールの研究も盛んに行われました。また、ホップの効用についても解明が進められました。ですから、中世の修道院はビール醸造の研究センターでもあったわけです。今日、私たちがビールを美味しく飲めるのは、ステーンブルッヘ修道院長だった聖アルノルデュスを始め多数の修道院長によって学問的に体系化された醸造技術のお陰と言っても過言ではありません。

A　トラピストビール

「トラピストビール」は、ベルギーにある6カ所のトラピスト修道院とオランダのコニンフスホーヴェン修道院で造られるビールの総称です。両国の政府は、シトー派トラピスト会修道士の手によって醸造されるビールに限り「トラピストビール」の呼称を使うことを認め、その品質を保証しています。ただし、一口に「トラピストビール」と言っても、その味わいは千差万別。それぞれ修道院ごとに際立った違いがあり、またそれぞれ

がベルギービールの中でも著しく個性的です。

現在のところベルギーのトラピストビールは、「シメイ」Chimay、「オルヴァル」Orval、「ロシュフォール」Rochefort、「ヴェストマーレ」Westmalle、「ヴェストフレーテレン」Westvleteren、「アヘル」Achelの6銘柄しかありません。いずれも、「トラピスト」Trappiste（＝フランス語）または「トラピステン」Trappisten（＝オランダ語）という文字がラベルに書かれています。

トラピストビールの銘柄……………………………………………

アヘル8 Achel 8 ㊻、8.0％、アヘルセ・クライス修道院（リンブルフ州アヘル）

「アヘル」ビールを造っているアヘルセ・クライスは、1686年に創設された歴史ある修道院です。「クライス」はオランダ語で「隠者の家」を意味し、当時プロテスタントの迫害から逃れたカソリックの僧侶たちが、オランダとの国境に接したこのアヘルに新しい「祈りの場所」を求めたのが始まりです。18世紀末にフランス革命軍によって修道士がひとり残らず追放されて廃虚となりかかりましたが、ヴェストマーレの聖心ノートルダム修道院の修道士によって復興したと伝えられています。そうした関係からビールの醸造にもヴェストマーレの手を借り、1998年に「アヘル」ビールを世に送り出しました。最初はドラフト（樽詰め）だけでしたが、2001年からボトル入りの「アヘル8」も発売されました。その色と味わいは、「ヴェストマーレ・トリペル」に似たところがありますが、「ヴェストマーレ」からは感じられないマスカットぶどうを思わせる香りが特徴です。そのほか、リンゴ、レモン、セージ、オレンジなど

の香りも姿を見せ、トラピストビールの中でもひときわフルーティーでみずみずしいビールに仕立てられています。

シメイ・ブルー Chimay Bleue ㊼、9.0 %
シメイ・ブロンシュ Chimay Blanche ㊽、8.0 %
シメイ・ルージュ Chimay Rouge ㊾、7.0 %
シメイ・グランド・レゼルヴ Chimay Grande Reserve ㊿、9.0 %
シメイ・サンク・サン Chimay Cinq Cents (51)、8.0 %
シメイ・プリミエール Chimay Premiere (52)、7.0 %、ノートルダム・スクールモン修道院（エノー州フォルジュ・レ・シメイ）

ベルギー・エノー州のフランスとの国境付近に所在する、ノートルダム・ド・スクールモン修道院（1850 年創設、1862 年醸造開始）のトラピストビールです。ラベルに書かれている「ペレ・トラピスト」Peres Trappistes というフランス語の文字は「元祖トラピスト」の意味。トラピストビールの中で最も早くから市販され、また「トラピストビール」という呼称を最初に使い出したのも「シメイ」です。「ブルー」は濃い茶色のビールで、香ばしい麦芽風味とともにフルーティーなアロマに満ち、後味に心地よい苦味を残します。「ブロンシュ」は通称白ラベルといわれ、ホップの苦味を強く効かせた銅色のビール。飲み込んだ後にアニスを思わせるハーブの香りが残ります。「ルージュ」は赤ラベルとも呼ばれる薄茶色のビール。麦芽のもたらすカラメル香と心地よい苦味が調和し、芳醇で奥行きのある味わいを造り出しています。それぞれに 750 ミリリットル入りの大瓶も用意され、「ブルー」の大瓶が「グランド・レ

ゼルヴ」、「ブロンシュ」の大瓶が「サンク・サン」、「ルージュ」の大瓶が「プリミエール」。また、「ブルー」にはマグナム・ボトルもあります。それぞれ中身は同じですが、コルク栓のボトルに詰められた「ナナゴ（750 ミリリットル）」や「マグナム」の方が味わいがまろやかで、ふんわりとしたキャラクターに富んでいると言われます。ベルギーのカフェでは、ドラフト（樽生）も飲むことができます。写真のグラスはこれらの銘柄に共通して使えます。

オルヴァル Orval ㊿、6.2 %、ノートルダム・ド・オルヴァル修道院（リュクサンブール州ヴィルルドヴァン・オルヴァル）
「黄金の谷」を意味するオルヴァルには、次のような伝説があります。イタリアのトスカナ侯爵のマチルダ未亡人がオルヴァルを訪れたとき、誤って夫の形見の金の指輪を泉の底に落としてしまい、「マリア様、どうかお助け下さい」と祈っていると、一尾のマスが指輪をくわえて水面に上がってきました。「オルヴァル」のラベルには、そのマスの姿が描かれています。オルヴァル修道院は 1070 年に創設されたベルギー最古のトラピスト修道院です。ビール造りは 18 世紀に開始されましたが、ナポレオン軍によって修道院が破壊されて中断し、1931 年にパッペンハイマーというドイツ人醸造士を招いて再開されました。「オルヴァル」は、自宅で貯蔵しておくと年月とともに味が「変化」（劣化ではありません）する素晴らしいビールです。出荷されたばかりのものは新鮮なホップの香りが華やかに薫ります。半年ほど経つとホップの香りがおとなしくなって味にコクと深みが加わります。1 年後には乳酸の香り、フルーティーな香り、スパイシーな香りが出てきます。5 年後には、複雑きわ

まる香りが備わり、爽やかな酸味とアルコールの辛さが目立つようになります。どの段階が一番美味しいかは、飲む人の好みによって意見が分かれます。ボウリングのピンに似た形状のボトルは、オリを残してビールだけをグラスに注げるように考えられたデザインとか。

ロシュフォール 8 Rochefort 8 ㊹、9.2 %
ロシュフォール 10 Rochefort 10 ㊺、11.3 %、ノートルダム・ド・サンレミ修道院（ナミュール州ロシュフォール）

アルデンヌの奥深く、人里離れた場所にある小さなトラピスト醸造所で名高いサンレミ修道院は1230年に創設され、1595年になってビールを造り始めました。その後、フランス革命でビール造りが中断し、1899年になって再開されています。現在、「ロシュフォール」のブランドで造られているビールは3種類で、写真の2種のほかにアルコール度数7.5 %の「ロシュフォール6」があります。6、8、10の数字は、それぞれベルギー単位での初期比重（麦汁糖分濃度）を表し、数字が高くなるほどアルコール度数も高くなります。「ロシュフォール6」の味わいは、洋梨に似たフルーティーな香りと麦芽のカラメル香の後、コーヒーとリコリスの香りが現れ、飲み込んだとたんに苦味が迫ってきます。「ロシュフォール8」は、バナナ、洋梨、アニスに似た香りが口中を満たし、フィニッシュはやはりドライな苦味で決めます。「ロシュフォール10」の一口目は、濃い色に相応しく濃色麦芽のもたらすカラメル香とチョコレート香。やがてリンゴに似たフルーティーな香りに変わり、飲み込むときにアルコールの強烈な辛さが喉を連打します。写真のグラスはこれらの銘柄に共通して使えます。

ヴェストマーレ・デュッベル Westmalle Dubbel ㊻、7.0 %
ヴェストマーレ・トリペル Westmalle Tripel ㊼、9.0 %、聖心ノートルダム修道院（アントヴェルペン州マーレ）
「ヴェストマーレ」の聖心ノートルダム修道院は1794年創設。1836年からビールの醸造を開始しました。現在、「デュッベル」（7 %）と「トリペル」（9 %）の2種が市販されているほか、修道院内での飲用に用いられる「エンケル」（3.5〜3.8 %）があります。濃い赤茶色の「デュッベル」はトラピストビールの中でもひときわ麦芽風味の強いビールと評判で、グラスを近付けるとチョコレートの香りが立ち上ります。口に入れるとほのかにナッツの香りが現れ、やがてバナナとパッションフルーツの香りに変わります。後味は甘味が消え、ドライですっきり。「トリペル」は霞みがかったゴールド色で、強いフルーティーな香りが魅力のビール。口に含んでいるうちに、レモン、セージ、オレンジ、カラメルを思わせるアロマが次々と現れては消えます。トリペル・タイプのビールは、元来ダークな色をしていましたが、戦後になってベルギーでもピルスナー系淡色ラガーが売れ出したため、それに対抗して「ヴェストマーレ」がゴールド色に変えて大反響を呼びました。以来、トリペルはゴールド色に仕上げるのが一般的となりました。写真のグラスはこれらの銘柄に共通して使えます。

ヴェストフレーテレン・アプト 12 Westvleteren Abt 12 ㊽、11.0 %、シント・シクステュス修道院（西フランダース州ヴェストフレーテレン）
シント・シクステュス修道院（1899年創設）の醸造所で造

られる「ヴェストフレーテレン」は、年間醸造量400キロリットル。修道院内の販売店と近くの「デ・ヴレーデ」というカフェだけで売られるレア物中のレア物ビールで、ベルギービール愛好者の垂涎《すいぜん》の的になっています。地元の人でもなければ、まず入手が困難でしょう（運がよければブリュッセルの酒店や一部のカフェでたまに見つけることができます)。「ヴェストフレーテレン」には、「アプト12」(11％)、「エクストラ8」(8％)、「スペシャル6」(6.2％) の3種があり、中でも「アプト12」はバーレイワイン風の濃厚芳醇な口当たりを持ち、洋梨とバナナが入り混じったフルーティーな香りが口中に麗しく広がる絶品です。飲み込むときにはコーヒーとリコリスを思わせる香りが現れ、強い苦味とともにフィニッシュを迎えます。「エクストラ8」もフルーティーですが、甘味はなく、コニャックやアーモンド・リキュールに似た味わいが魅力です。「スペシャル6」は、残念ながら1999年から製造を一時中断していると伝えられています。いずれのビールもボトルにはラベルが貼られていません。買うときは、王冠に記された Trappist Westvleteren という文字と、12や8という種類を示す数字だけが頼りです。

B　アビイビール（修道院ビール）

修道院からライセンスを得て一般のビール会社が造るすべてのビールを「アビイビール」と呼びます。また、すでに現存していない修道院の名前や聖人の名前をつけたビールも、アビイビールに含まれます。ベルギーで「トラピストビール」と表示できるのはトラピスト修道士によって造られるビールだけに限られ、そのほかの修道院タイプのビールは「ビエール・ダベ

イ」Biere l'Abbaye または「アブデイ・ビール」Abdij Bier とラベルに表示されています。「ビエール・ダベイ」はベルギー南部のフランス語圏で使われるワロン語、「アブデイ・ビール」は北部のオランダ語圏で使われるフラマン語で、いずれも「修道院ビール」の意味です。1962 年にオルヴァル修道院がトラピスト修道院で造られたビールだけに「トラピスト」と表示できる権利を認めさせたために、一般のビール会社が造るビールは「アビイ」と呼んで区別をつけなければならなくなりました。修道院ビールの醸造法にはとくに定まった規準はありませんが、ほとんどが穀物原料のほかにキャンディー・シュガーやスパイスを用い、ボトルコンディションによって熟成させています。アルコール度数についても、デュッベル（6～7%）やトリペル（8～10%）に属すものが多く、なかには 11%、12%という高アルコールビールも見られます。

アビイビールの銘柄……………………………………………

アベイ・デ・ロック Abbaye des Rocs ㊾、9.0%、アベイ・デ・ロック醸造所（エノー州モンティニー・シュール・ロック）

「アベイ・デ・ロック」はモーンスの南、フランスとの国境に近いモンティニー・シュール・ロック村にあった修道院。自宅のガレージでホームブルーイングを楽しんでいた地方公務員のエロワール氏が 1979 年に醸造所を設立し、「シメイ」を醸造している修道士の指導を受けながら、伝統のレシピに従った修道院タイプのビールを造り始めました。それがアビイビールの「アベイ・デ・ロック」です。その特徴は、口の中で次々と姿を変える素晴らしい香り。まずリンゴに似たフルーティーな香りが現れ、それがモルトのカラメル香と入れ替わり、続いてア

ニスやリコリスを思わせるスパイシーな香りに変化します。それらが交互に現れては消え、消えては現れる様子は、まるで走馬灯を見る感じ。そして、最後は強い苦味を喉奥に残してフィニッシュです。

オウギュステイン・グランクリュ Augustijn Grand Cru ⑥⓪、9.0 %、ファン・ステーンベルヘ醸造所（西フランダース州エルトフェルデ）

ヘントのオウギュステイン修道院は1295年に創設され、ビール醸造を行うとともに西部フランデレン地方での政治・文化の発展に指導的な役割を果たしていましたが、18世紀末にナポレオン軍に略奪されて力を失いました。1950年代にファン・ステーンベルヘ醸造所とビール醸造のライセンス契約が結ばれ、およそ1世紀半ぶりに「オウギュステイン修道院ビール」が復活しました。「オウギュステイン・グランクリュ」は、あまたあるアビイビールの中でもひときわ生彩を放つビールと言われ、多くのベルギービール愛好者を魅了しています。その特徴は、麦芽とホップの織り成す絶妙な香りのハーモニー。それにハーブのアロマが加わり、強いアルコールと相まって感動的な味わいをもたらします。飲み込んだ後口には、爽やかな苦味が現れ、やがて余韻を残して消えていきます。

ブルフセ・トリペル Brugse Tripel ⑥①、9.0 %
ステーンブルッヘ・デュッベル Steenbrugge Dubbel ⑥②、6.5 %、ハウデン・ボーム醸造所（西フランダース州ブルッヘ）

「黄金の木」を意味するハウデン・ボーム醸造所は、1889年に創立したブルッヘ最古のビール会社です。その「ブルフセ・

トリペル」は、心地よい甘味を伴うカラメル香とハニーの香りが印象的な、麦ワラ色の高アルコールビール。飲み込んだ後にホップの香りと苦味が残って、後口はまことに爽やか。やがて9％という強いアルコールが効いて、身体の中がホカホカと温まってきます。「ステーンブルッヘ」にはデュッベル（6.5％）とトリペル（9％）の2種があり、前者は栗色をしたカラメル風味の強いビール。後者は淡色で、甘味と調和したフルーティーな香りが印象的。両方とも、ブルッヘの中心から4キロほど南にあるステーンブルッヘ修道院のために造られています。

コルセンドンク・パーテルノステル Corsendonk Pater Noster ㊸、7.0％
コルセンドンク・アグニュスデイ Corsendonk Agnus Dei ㊹、8.0％、ボック醸造所（ナミュール州ピュルノード）

コルセンドンク修道院は、アントヴェルペンの西、テュルンハウトの近くに14世紀に創設された小修道院。17世紀にビールの醸造を始めましたが、1784年に修道院活動を閉鎖しました。現在、その建物は公共施設として使われています。その修道院の名前にちなんだアビイビール「コルセンドンク」には、オランダ語でロザリオを意味する「パーテルノステル」と、フランス語で神羊の蝋像を意味する「アグニュスデイ」の2つがあります。前者は、色がブルゴーニュ・ブラウンで、フルーティーな香り、チョコレートを思わせる味わい、それに軽い燻煙《くんえん》香が特徴。後者は、トリペル・タイプのビールで、アルコールの辛さが第一印象。やがて、酸味をともなったフルーティーな香りが現れ、フィニッシュにはスパイスとホップの効いた爽快感を残します。

フローレフ・ブロンド Floreffe Blonde ㊽、6.5 %
フローレフ・トリプル Floreffe Triple ㊿、8.0 %、ルフェーヴル醸造所（ブラバン・ワロニー州クェナスト）
「フローレフ」は、ナミュール州の首都ナミュール市から西に12キロほどのところにある、ノルベルト派フローレフ修道院の名前です。「フローレフ」ビールには、「ブロンド」「トリプル」（トリペル）のほかに、「ドゥブル」（デュッベル）（7 %)、「ラ・メイユール」La Meilleure（9 %）と全部で4種類のヴァリエーションが用意されています。そのうち「ブロンド」は爽やかにスパイスを効かせたビールで、修道院の名前がついたアビイビールでありますが、そのキャラクターはワロニアン・ブロンドと言うべきでしょう。「ドゥブル」もスパイスを効かせたビールですが、味わいはイギリスのポーターに似た麦芽風味が感じられます。「トリプル」はフルーティーかつスパイシーな香りを持つリキュールのようなビールで、ほかのトリペルよりも苦味の軽いのが特徴です。「ラ・メイユール」は「フローレフ」シリーズの中で最も個性的なビールで、ふんわりとした柔らかな口当たり、アニスを思わせるスパイスの香り、それにブランデーのようなフルーティーで喉を熱くするアルコール感が魅力です。このビールを造っているルフェーヴル醸造所は「ボンヌ・エスペランス」（8 %）というノルベルト派神学校の名前をつけたアビイビールも出しています。

グリムベルヘン・ブロンド Grimbergen Blond ㊾、6.0 %
グリムベルヘン・デュッベル Grimbergen Dubbel ㊿、6.5 %
グリムベルヘン・キュヴェ・ド・レルミタージュ Grimbergen

Cuvee de L'Ermitage ⑲、8.5 %
グリムベルヘン・トリペル Grimbergen Tripel ⑳、9.0 %
グリムベルヘン・オプティモ・ブルーノ Grimbergen Optimo Bruno ㉑、10.0 %、ウニオン醸造所（エノー州ジュメ）

グリムベルヘン修道院は、ノルベルト教団の創設者・聖ノルベルト（1085 ～ 1134）によって建てられた、ヨーロッパ中を見渡しても数少ない由緒ある修道院の１つです。ここは神聖ローマ帝国の末期に暴力化した貴族やナポレオン軍によって４回も略奪と破壊が繰り返されましたが、そのたびに不死鳥のように再起しました。そのためグリムベルヘン修道院は不死鳥（フェニックス）を紋章とし、ビールのラベルにもこの紋章が描かれています。「グリムベルヘン」の「ブロンド」は、パステル調の黄色のビールで、軽い麦芽風味とリンゴに似たフルーティーな芳香があります。「デュッベル」はブラウン色で、レーズン、チョコレート、カラメルの香りを持ち、ブランデーを思わせる飲み口のビール。「キュヴェ・ド・レルミタージュ」は、以前、ウニオン醸造所が単独の銘柄で販売していたビールですが、近年になって「グリムベルヘン」のシリーズに組み込まれました。「キュヴェ」は、本来、木の樽に詰めて長期間熟成させたビールを指し、「レルミタージュ（エルミタージュ）」は、修道士が瞑想に使う草庵の意味。このビールは、ガーネットのような輝きを持つダークな色味と、クリームのように滑らかな口当たりが特徴です。飲み始めに強い甘味が感じられ、やがて苦味が現れて甘味を消し去り、後口は不思議とさっぱりしています。「トリペル」は黄金色で、ブランデーのようなフルーティーなキャラクターと強烈なアルコール感を特徴とし、飲み込むときにホップの苦味がガツンとくるビールです。「オプティ

モ・ブルーノ」は、シリーズ中最もアルコールの強いビールですが、その割には甘味が少なく、ハードリカーのような激しい辛さ。キャラクターは「デュッベル」に似たところがあって、レーズン、チョコレート、カラメルなどを思わせる複雑な香りを醸し出しています。写真右側のグラスは「レルミタージュ」専用、左側はその他の銘柄に共通して使えます。

カルメリート・トリペル Karmeliet Tripel ⑫、8.0 %、ボステールス醸造所（東フランダース〈オースト・フランデレン〉州ブッヘンハウト）
「カルメリート」とは、カルメル会修道会に属する托鉢《たくはつ》の修道士のこと。この修道会は 12 世紀にパレスチナのカルメル山に創設され、修道士たちは修道院に定住せずに白衣を着用し托鉢しながら各地を行脚《あんぎゃ》しました。その名前にちなんだ「カルメリート・トリペル」は、大麦麦芽に小麦とオート麦を加えて造ったビールで、リンゴを思わせるフルーティーな香りとみずみずしい口当たり、喉をやさしく潤すほのかな甘味が魅力です。

レフ・ブロンド Leffe Blonde ⑬、6.6 %
レフ・ブリュン Leffe Brune ⑭、6.5 %
レフ・ラディウス Leffe Radieuse ⑮、8.2 %
レフ・ヴィエイユ・キュヴェ Leffe Vieille Cuvee ⑯、8.1 %、インターブルー醸造所（フラームス・ブラーバント州ルーヴェン）
　プレモントレ派のレフ修道院は 1200 年頃からビールの醸造を行っていましたが、神聖ローマ帝国の末期にナポレオン軍に略奪されました。その後、修道院活動は再開されましたが、ビ

ールの醸造は途絶えたままでした。1950年代初めに修道院長が地元の醸造家に依頼し、「レフ修道院ビール」が1世紀半ぶりに復活しました。またこれにより、修道院とライセンス契約を交わして醸造する「アビイビール」というスタイルが一般化しました。「ブロンド」は褐色がかったゴールド色。味わいは、小麦の爽やかな酸味と調和した心地よい甘味。口に含んでいると、プラムのようなフルーティーな香りとクローヴのようなスパイシーな香りが現れます。「ブリュン」は飲み始めにリンゴの香りが感じられ、やがてカラメルの香りと甘味が現れます。フィニッシュではスパイシーでドライな味わいを残し、喉に消えます。「ラディウス」はフルーティーでほのかに甘く、チェリー、シナモン、コーヒーを思わせる香りが印象的。ポートワインに似た強いアルコールが身も心も軽やかに解放します。「ヴィエイユ・キュヴェ」は麦芽風味の濃厚なフルボディ・ビール。甘味もアルコールも強いので、食後酒としてお薦め。「レフ」シリーズには、このほかに深みのあるゴールド色の「トリペル」(8.1％)があり、これはレモンとヴァニラの香りが印象的なビール。アルコールが強く、食前酒として最適です。写真のグラスはこれらの銘柄に共通して使えます。

マレッズ6 Maredsous 6 ⑦⑦、7.0％
マレッズ8 Maredsous 8 ⑦⑧、8.5％
マレッズ10 Maredsous 10 ⑦⑨、10.0％、デュヴェル・モールトハット醸造所(アントヴェルペン州ブレーンドンク・ピュールス)

「マレッズ」は、ナミュール州の南、ドネー村にあるベネディクト派の修道院です。その素晴らしいネオゴシック建築がラベ

ルに描かれていましたが、残念ながら新しいラベルからは消えてしまいました。ビールの名前につけられている数字は、ベルギー式の麦汁比重を表します。つまり「マレッズ6」は発酵前の麦汁比重が6、発酵後にはアルコール6～7％になるわけで、数字が大きいほどアルコール度数の高いビールとなります。この「マレッズ6」は、ブロンズ色の、非常にフルーティーな香りを持つ辛口ビール。「マレッズ8」は、アルコール度数が高い割には軽い口当たりを持ち、チョコレートやカラメル風味に富んでいます。「マレッズ10」は、深みのある琥珀色のビールで、麦芽風味とバナナを思わせるフルーティーな香りのバランスが見事。飲み込むときに、温かいアルコールの刺激が喉を打ちます。写真のグラスはこれらの銘柄に共通して使えます。

ムワネット・ブロンド Moinette Blonde ⑳、8.5％
ムワネット・ブリュン Moinette Brune ㉑、8.5％
ムワネット・ビオロジク Moinette Biologique ㉒、7.5％デュポン醸造所（エノー州トゥルペルーズ）

「ムワネット」はフランス語で修道士を意味する単語「ムワン」の女性形という説と、エノー州トゥルペにあった礼拝の地の名前「ムワン」が訛ったという説があります。もう1つ、トゥルネーの方言で沼地を意味する「ムワン」に由来するという説もありますが、この3番目の説に従うと「ムワネット」はアビイビールのカテゴリーに入れるのが難しくなります。ここでは礼拝の地「ムワン」説を取り入れ、アビイビールとしてご紹介することにしましょう。「ムワネット・ブロンド」は淡い銅色で、バナナを主体にいろいろなフルーツが入り混じった香りと小麦の軽い酸味を感じる爽やかなビール。ブラウン色の「ム

ワネット・ブリュン」は、麦芽のカラメル香が濃厚で、ほのかなフルーツ香とハーブの香りが備わった芳醇なビールです。「ムワネット・ビオロジク」は、有機栽培の原料で仕込んだブロンド・ビールです。写真のグラスはこれらの銘柄に共通して使えます。

ペートリュス・トリプル Petrus Triple ⑧③、7.5 %、バヴィーク醸造所（西フランダース州バヴィークホーヴェ）
「ペートリュス」は修道院ではなく、キリスト十二使徒の一人である聖ペテロのことです。その名前をつけた「ペートリュス・トリプル」は、とてもクリーミーな味わいのビール。フルーティーな香りが支配的で、洋梨のブランデー「ポワール・ウイリアムス」によく似ています。蜂蜜に似た甘味が最初に現れ、やがて苦味が加わって甘味との絶妙なバランスをつくり、最後は苦味だけが残ってフィニッシュをドライに決めます。その後、アルコールが体内をやさしく温め、なんともいえないホンワカとした気持にさせてくれます。「ポワール・ウイリアムス」と同じように、やはり食後酒として飲むのが最適でしょう。

シント・ベルナルデュス・トリペル St. Bernardus Tripel ⑧④、7.5 %
シント・ベルナルデュス・プリオール 8 St. Bernardus Prior 8 ⑧⑤、8.0 %、シント・ベルナルデュス醸造所（西フランダース州ヴァタウ）
「シント・ベルナルデュス」は、10 世紀にアルプス峠を越える旅人たちの遭難が絶えないのを見て独力で避難小屋を建てた聖ベルナールを指します。その名前を名乗るシント・ベルナル

デュス醸造所は、トラピスト修道院のシント・シュクステュスと契約し、1946年から「シント・シュクステュス」というビールを造っていました。その契約が1992年に切れ、シント・シュクステュス修道院が独自でトラピストビール「ヴェストフレーテレン」を造り出したため、「シント・シュクステュス」ビールの名称を「シント・ベルナルデュス」ビールに変えたという複雑な経緯があります。さて、その「シント・ベルナルデュス・トリペル」は、バナナ、洋梨、ストロベリーなどの香りが入り混じったフルーティーなビール。一方「プリオール８」は、ブラウン色で、ふんわりとした柔らかな口当たりのビール。麦芽風味のほかにバナナやリコリスを思わせるフルーティーな香りを備えています。写真のグラスはこれらの銘柄に共通して使えます。

サン・フューイエン・ブロンド St. Feuillien Blonde ㊱、7.5 %
サン・フューイエン・ブリュン St. Feuillien Brune ㊲、7.5 %、
フリアール醸造所（エノー州ル・ルールス）
「サン・フューイエン」は、７世紀にアイルランドから伝道にやってきた巡回牧師で、655年、エノー州ル・ルールスの森の中で苦難に見舞われ息を引き取りました。これを偲んで弟子たちが建てた教会が、1125年にプレモントレ派のサン・フューイエン修道院となり、ビールの醸造を行うようになりました。しかし、フランス革命軍に醸造所は修道院もろとも破壊されてしまいます。1873年に、この地に移住したフリアール家が修道院に残されたレシピに基づいてビールを復活させたのが、今日まで続いている「サン・フューイエン」ビールです。その「サン・フューイエン・ブロンド」は、ジュニパーベリー（杜《ね》

松《ず》）やコリアンダーのようなスパイシーな香りと、ライムやオレンジを思わせるフルーティーな香りが入り混じった爽快なビールです。
「ブリュン」は、ホップのアロマとともに、カラメルやコーヒーの香りが入り混じった麦芽風味の豊かなビール。よく味わっていると、リコリスや洋梨の香りも現れてきます。

シント・セバスティアーン・ダーク St. Sebastiaan Dark ⑱、6.9 %
シント・セバスティアーン・グランクリュ St. Sebastiaan Grand Cru ⑲、7.6 %、ステルケンス醸造所（アントヴェルペン州メール）
「シント・セバスティアーン」は、聖セバスティアヌスまたは聖セバスチャンとも呼ばれ、はじめはローマの軍人でしたが、後にキリスト教の伝道者として活躍し、ローマ皇帝の弾圧を受けて殉教した人です。その名前にちなんだ「シント・セバスティアーン・ダーク」は、ダークな色に相応しく麦芽風味に富み、口当たりが柔らか。そのうえ、ハニーの甘さとフルーティーな芳香を持つビール。飲み込んだ後に、ホップの苦味が爽やかに残ります。「グランクリュ」は、ハーブに似たホップの強いアロマと、ほのかに効かせたフルーティーな芳香が印象的なビール。味わうほどに食欲を誘う心地よい苦味が口中に広がります。このほかステルケンス醸造所からは、「ダーク」を熟成させた「シント・ポウル・ダブル」（6.9 %）と、「グランクリュ」のホップ風味を弱めた「シント・ポウル・トリプル」（7.6 %）というビールが出ています。写真のグラスはこれらの銘柄に共通して使えます。

ヴァルデュー・ブロンド Val-Dieu Blonde ⑳、6.0％、ヴァルデュー醸造所（リエージュ州オーベル）

「ヴァルデュー」は、神の谷を意味するシトー派修道院の名前です。中世には醸造所を持ちビールを造っていましたが、フランス革命によって中止を余儀なくされました。そのレシピにもとづいたビールを、ピロン醸造所（ヴァルデュー醸造所の前身）に造らせる契約を1993年に結び、由緒ある「ヴァルデュー」ビールが復活しました。「ヴァルデュー・ブロンド」は、銀杏の落葉に似た黄色のビールでやや霞んでいます。小麦で造るホワイトエールのような酸味のある爽やかな口当たりとクリーミーな味わいの中から、コリアンダー、クローヴ、ナッツを思わせるさまざまな香りが次々と姿を現して、口や鼻を楽しませてくれます。「ヴァルデュー」にはもう1つ「ブリュン」というビールがあります。こちらはヴァルデュー修道院がその昔に造っていたビールを彷彿とさせるダークな色合いを持ち、チョコレート、コーヒー、カラメルなどの麦芽風味に加えて、パッションフルーツやぶどうを思わせる爽やかなフルーツ香に富んだビールに仕上がっています。

ヴィレル・ヴィエイユ Villers Vieille ㉑、7.0％
ヴィレル・トリプル Villers Triple ㉒、8.5％、ハイゲ醸造所（西フランダース州メレ）

「ヴィレル」とはブラバン・ワロニー州にあった修道院（現在は廃虚）の名前。「ヴィレル・ヴィエイユ」（ヴィエイユはフランス語で「古い」という意味）は、ブラウン色のカラメル風味の豊かなビールで、コーヒーやリコリスを思わせる香りが楽し

めます。喉越しには、軽い爽やかな苦味が長く残ります。「ヴィレル・トリプル」は濃いゴールド色で、口に含むとハニーとカラメルの香りが広がり、やがてリンゴやアプリコットの香りが現れます。口当たりは実にまろやか。強いアルコール感が、このビールの醍醐味をつくっています。

ボルネム・デュッベル Bornem Dubbel ㊈、8.0 %、ファン・ステーンベルヘ醸造所（東フランダース州エルトフェルデ）
「ボルネム」はアントヴェルペンの近くにある町の名前。また、その昔フランデレンを支配した領主の一人、ボルネム伯爵を指します。11 世紀に東フランダースのシント・ニクラースに建てられた「ボルネム城」は、世紀末の建築家ベイアールトによって改築され、壮麗なネオゴシック建築として有名になりました。「ボルネム・デュッベル」は、かつてボルネム町のシント・ベルナルデュス修道院で造られていたビールです。それをファン・ステーンベルヘ醸造所が復活させ、ブラックコーヒーのような黒ビールに仕上げました。フルボディで麦芽風味に富み、口当たりはまことに滑らかです。甘味と苦味が混じり合ったその味わいは、リコリスを思わせます。

3　ウィートエール系

ヨーロッパで、ウィート（小麦）をビールに使う習慣は、大麦と並んで古くから見られます。中世には、木を燃やして大麦を焙燥《ばいそう》（熱風で乾燥させること）したため、温度調整が難しく常に焦茶色か黒い麦芽になってしまいました。その結果、できあがったビールは黒く、おまけに燻煙の臭いを伴うこともしば

しばありました。その一方、小麦は殻がないので天日でも簡単に乾燥させることができ、これを大麦の麦芽に混ぜると色を薄くすることができます。しかも酸味の効いた飲み口の爽やかなビールができるので、大麦だけのビールよりも小麦をまぜたビールの方が多く造られた時期もありました。ドイツのバヴァリアでもラガービールが現在の姿に改良される19世紀の中頃までは、小麦ビールの醸造を王室直営のホフブロイハウスだけで独占し、「ビール純粋令」によって一般の醸造所が小麦ビールを製造することを禁じたほどです。

ベルギーでも小麦ビールの歴史は古く、先住民族のケルト人たちも小麦の古代種を使ってスパイス・ビールなどを造っていたと推測されます。また、ランビックはその流れを汲むビールと考えてもよいでしょう。しかし、ベルギーのビール史上、小麦ビールが“ヴィット”または“ウィット”という名前で記録に現れてくるのは、1300年頃になってから。この頃、ブリュッセルの東35キロほどのところにあるフーハルデン村で、今日のホワイトエールが生まれました。1800年代には人口2000人のこの小さな村に35カ所のホワイトエールを造る醸造所があったと伝えられています。その多くは農家で、自家栽培の小麦やオート麦を使ってビールを仕込みました。しかし、20世紀に入るとピルスナー系の淡色ラガービールがベルギーにも導入されてホワイトエールを飲む人が少なくなり、1957年にはフーハルデン村のビール醸造所は一軒もなくなってしまいました。

その数年後、ピエテル（ピエール）・セリスという若者が廃虚になっていた醸造設備を買い取り、デ・クライス醸造所（現・フーハルデン醸造所）を開いてホワイトエールを復活さ

せました。「フーハルデン・ホワイト」は、大量生産の画一的な味のビールに飽き始めていた若いビール愛好者に受け入れられ、またたくまにヨーロッパ中で飲まれるようになりました。その成功にあやかるかのごとく、ベルギーのあちこちでそれぞれ個性的なホワイトエールが造られるようになり、今日に至っています。

それら多くの小麦ビールは、フーハルデン村で生まれたホワイトエールの伝統にのっとり、麦芽にしない生の小麦を混ぜてリンゴに似た香りをつけるとともに、コリアンダー、オレンジピール（皮）などを加えてスパイシーなアロマも醸し出しています。その結果、複雑な芳香を持ちながらみずみずしい味わいが造り出され、喉を潤すのにはむろんのこと、多様な料理にも合わせることができるビールに仕上がります。とはいっても、その味わいは銘柄ごとに著しく違います。スパイシーなアロマを抑えてフルーティーな香りを表に出したものがあれば、逆にスパイシーな香りを強調しているものもあります。両方の特徴をバランスよく整えたビールもあります。いろいろと飲み比べて好みの銘柄を見つけるのも楽しみ方の１つです。また、小麦にはタンパク質が多く含まれるため、出来上がったビールは白く濁ります。ホワイトエールという呼び方は、この白濁に由来します。

A　ベルジャン・ウィートエール

ブロンシュ・デ・オネル Blanche des Honnelles ㊾、6.0％、アベイ・デ・ロック醸造所（エノー州モンティニー・シュール・ロック）

ホワイトエールとしてはアルコール度数がやや高めの６％。

オート麦を加えているので口当たりがすこぶる滑らかです。香りの第一印象は強いオレンジのアロマ。ほのかな酸味もアクセントとなっていて、喉の渇きを心地よく潤してくれます。

ブルフス・タルヴェビール Brugs Tarwebier ㊿、4.8 %、ハウデン・ボーム醸造所（西フランダース州ブルッヘ）

ウィートエール特有の霞がかった麦ワラ色のビール。ふんわりとした口当たりと、リンゴ、オレンジ、ハニーを思わせる爽やかなアロマが印象的です。後口にやや強い苦味が残り、フィニッシュをドライに決めます。

ブロンシュ・ド・ブリューノー・ビオロジク Blanche de Brunehaut Biologique ⑯、5.0 %、ブリューノー醸造所（エノー州ブリューノー）

「ブロンシュ・ド・ブリューノー」は、ブロンシュ・ド・シャルルロワという名前でも売られ、コリアンダーやオレンジピールなどのスパイス香を抑えたやさしいビール。「ビオロジク」とは有機栽培のホップや麦を使っていることを表しています。

グリゼット・ブロンシュ Grisette Blanche ⑰、5.0 %、フリアール醸造所（エノー州ル・ルールス）

スパイシーな香りを抑えて、小麦が醸し出すフルーティーな香りを強調したホワイトエール。真綿のように軽くふんわりとした口当たりとみずみずしい喉越しが魅力です。

フーハルデン・ヴィットビール Hoegaarden Witbier ⑱、5.0 %、フーハルデン醸造所（フラームス・ブラーバント州フーハルデ

ン）

現代のホワイトエールの元祖とされるビールです。リンゴの甘酸っぱいアロマに続いて現れるコリアンダーとオレンジが一体となった爽やかな香りが魅力。舌の先にハニーの甘味がほのかに感じられます。最近、ラベル・デザインが変わりました。

ティチェ・ブロンシュ Titje Blanche ⑲、4.7 %、シリー醸造所（エノー州シリー）

「ティチェ」とはシリーから 10 キロほど北西にあるアンギャン町の人々を意味する言葉。いわば「アンギャン町民のビール」です。「ティチェ・ブロンシュ」は、リンゴに似たフルーティーな香りに加え、ハーブの香りを強調しているのが特徴。爽やかな酸味とホップの苦味のバランスも絶妙です。

フラームス・ヴィット Vlaamsch Wit ⑳、4.5 %、ファン・ホンセブラウク醸造所（西フランダース州インヘルムンステル）

「フラームス」とはフランデレンの意味、フランダースともいいます。このビール、まずオレンジのアロマとともにハニーの甘味が現れ、それがやがてハーブの香りを持つドライな味わいに変わるという、二段変化が魅力。飲み口は、非常に軽やかで、爽やかなビールです。

B　特殊ウィートエール

ジョゼフ Joseph ⑩、6.0 %、シランリュウ醸造所（ナミュール州シランリュウ）

「ジョゼフ」は古代麦の一種スペルト小麦を使った、シャンパンを思わせる爽やかでフルーティーなビール。シャルドネ種の

ぶどうに似た香り、洋梨のようなみずみずしいアロマ、それにオレンジピールを連想させる柑橘香が一体となり、酸味と相まって絶妙なハーモニーをつくり出しています。食前酒に格好のビールです。

サラ Sara ⑽、6.0 %、シランリュウ醸造所（ナミュール州シランリュウ）
「サラ」は西洋ソバの実を使ったビールです。ローストしたソバの香りがまず口の中に広がり、続いてカラメルとチョコレートの香りが現れます。口当たりは、まことに滑らか。最初に感じる甘味が徐々に苦味と入れ替わり、飲み込んだ後には甘味の消えたドライな味で口の中をさっぱりとさせます。

4　エイジドエール系

エイジドエール（長期熟成エール）は、東西のフランダース州で昔から伝統的に造られている、酸味を特徴とするダークなエールを指します。酸味が強いため、「ジュールビール」Zuurbier（＝酸っぱいビール）と呼ばれて親しまれていますが、ただ酸っぱいだけでなくフルーティーな香りに満ちており、その味わいは最も赤ワインに近いと言えるでしょう。その造り方は独特で、発酵後に若いビールと熟成したビールをブレンドして二次発酵させ、それからオークの桶、または樽に入れて18カ月から24カ月もの間ゆっくりと熟成させます。その間に、桶や樽に染み込んでいる乳酸菌と酢酸菌によって微生物学的な反応が現れ、爽やかな酸味が生まれます。また、オークの桶や樽からはタンニンやカラメルも溶け出し、ビールの味と色に大

きな影響を与えます。

なぜフランダースで、このようにワインに似たキャラクターを持つビールが生まれたのでしょうか。それは、かつてこの地方がブルゴーニュ伯爵の支配を最も強く受けたことと無関係ではありません。それまでフランス中東部を支配していたブルゴーニュ公は、14 世紀の終わりにフランドル伯爵からフランダースの領有権を受け継ぎました。そして、この地にフランス文化とワインを持ち込んだのです。以前から毛織物産業で潤っていた富裕商人たちが、まっ先にワインを飲む習慣を取り入れました。しかし、ブルゴーニュ・ワインは、当時、修道院だけでしか造られていなかったので量が限られ、したがって高価でした。そこでワインを買えない人々のために、ワインに似たビールが考え出されたと推測されます。

木の桶や樽でビールを熟成させるという方法はドイツでもイギリスでも見られます。ただしその場合、桶や樽の内側にタールを塗ってビールが直に木と触れないような工夫が施されています。木に含まれているタンニンや木の香りがビールに溶け込むのを嫌ったからです。また、ビールを酸っぱくする乳酸菌が木に繁殖するのを恐れたからです。ところがフランダースでは、ワインと同じように内側に何も塗らない桶や樽を使います。ワインと同じように、タンニンや乳酸菌や木の香りをビールに溶け込ませるためです。

ブルゴーニュ家の支配を受けたフランダースのビール職人たちは、15 世紀の始め頃にワインの製法を学び、ワインを買えない庶民のためにワインによく似たビールを造り出しました。その伝統が今日まで伝わっているわけです。そういう点から言うと、東西のフランダース州で造られるエイジドエールは、ワ

インとビールのちょうど境目にあるお酒と見ることができるのではないでしょうか。いずれにしても、世界に類のない、まことにユニークなビールであることは否定できません。

A　オールドレッド

西フランダースのエイジドエールは、「オールドレッド」と呼ばれます。赤みがかったウィンナモルトと呼ばれる麦芽を使うため、出来上がったビールはブルゴーニュ・ワインに似た色合いを持っています。発酵には金属のタンクを用いていますが、熟成には今日でもオークの木桶や木樽を使い、乳酸菌がもたらす強い酸味、タンニンの渋味、木の香り、そしてフルーティーな香りを特徴とするビールに仕上げています。

オールドレッドの銘柄……………………………………………

デュシェス・ド・ブルゴーニュ Duchesse de Bourgogne ⑩③、6.2 %、ヴェルハイゲ醸造所（西フランダース州ヴィフテ）
「デュシェス」はフランス語で伯爵夫人や君主夫人のこと。「デュシェス・ド・ブルゴーニュ」のラベルにはブルゴーニュ公 4 代目シャルルの王女マリーが描かれています。このビールは、甘味を強めることにより酸味を和らげ、ポートワインのようなまったりとした口当たりに仕上がっています。この甘味がフルーティーな香りに艶をもたらし、リキュールを思わせる味わいが特徴。熟成にはオークの木樽を使用しています。

ペートリュス・アウト・ブライン Petrus Oud Bruin ⑩④、5.5 %、バヴィーク醸造所（西フランダース州バヴィークホーヴェ）
「アウト・ブライン」はオールドブラウンの意味ですが、色が

赤みがかっていることと西フランダースで造られていることから、オールドレッドに分類されます。オークの木樽で20カ月にわたり熟成させ、木の香りやフルーツ香がいくつも折り重なった複雑な味わいが印象的。酸味と甘味の両方ともに軽く、どちらかというと「さっぱり系」のオールドレッドです。

ローデンバフ Rodenbach ⑩⑤、5.0 %
ローデンバフ・グランクリュ Rodenbach Grand Cru ⑩⑥、6.0 %、ローデンバフ醸造所（西フランダース州ルーセラーレ）

ローデンバフ醸造所は、1820年創業という古い歴史を持ち、1836年頃からオールドレッドを造っている由緒あるメーカーです。その「ローデンバフ」は別名「ローデンバフ・クラシーク」とも言われ、マディラワインに似た口当たりを持ち、パッションフルーツとオークの香り、それにワインにもよくある鉄分が感じられます。「グランクリュ」は、もっと赤くブルゴーニュ・ワインに近い色合い。ボディもさらに強く、パッションフルーツとオークの香りに加えてヴァニラの感じも備わっています。どちらからも感じられる強い酸味は、料理の味を引き立てるでしょう。こうした独特のキャラクターは、巨大なオークの木桶で24カ月間熟成させることによって醸し出されます。

B　オールドブラウン

東フランダースのエイジドエールは、「オールドブラウン」と呼ばれます。カラメルモルトやチョコレートモルトを使うため、出来上がりは茶色。その分だけ麦芽風味が強く、乳酸の酸味と相まって料理酒としても抜群の効果を発揮します。西フランダース州の「オールドレッド」と同様に、華やかなフルーツ

香とオークの香りに彩られた酸味と甘味が魅力のビールですが、最近は木樽での熟成をやめ、乳酸菌を加えて金属タンクで熟成し、ボトルコンディションを行うケースが増えています。

オールドブラウンの銘柄……………………………………………

リーフマンス・ハウデンバント Liefmans Goudenband (107)、8.0 %、リーフマンス醸造所（東フランダース州アウデナールデ）

東フランダース州のアウデナールデはオールドブラウン発祥の地とされ、リーフマンス醸造所は1679年創業の由緒あるメーカー。西の横綱がローデンバフであるのに対して、リーフマンスは東の横綱です。そこで造られる「ハウデンバント」は黄金のリボンを意味し、あまり強くはないけれどもしっかりとした酸味を持つ、すこぶるフルーティーなビール。発酵後、６～８カ月の熟成期間をおき、ボトルに詰めてからさらに3カ月以上寝かせて出荷します。それからさらに3～5年ほど経た状態が「ハウデンバント」の最も美味しい頃といわれ、それまで自宅の貯蔵室に眠らせておく人が多いそうです。リーフマンスのオールドブラウンには、このほか「リーフマンス・アウト・ブライン」（4.5 %）、「リーフマンス・アドナール」（4.5 %）、「ヤン・ファン・ヘント」（5.5 %）などのヴァリエーションがあり、少しずつ違った味わいを楽しむことができます。

5　ワロニアンエール系

「オールドレッドエール」や「オールドブラウンエール」がオランダ語地域の東西フランダース（フランデレン）を代表する

ビールであるなら、この「ワロニアンエール」はフランス語地域のワロニーを代表するビールです。
「セゾンビール」を始めワロニー地方で造られるビールの特徴は、爽やかな飲み口とホップとともに多様なスパイスを効かせたユニークな味わいにあります。北部フランデレンのビールが、どちらかというと重厚なキャラクターを持っているのに対して、こちら南部ワロニーのビールは軽快なキャラクターを主張しています。それは、生真面目でストイックなゲルマン民族と陽気で快楽を求めるラテン民族の気質の違い、嗜好の違いを表しているとも言えます。

民族的な気質のほかにも、もう１つフランデレンのビールとワロニアンエールの違いをつくっているものがあります。食材と料理です。フランデレンは北海に近く、ニシン、サバ、タラ、サケ、ヒラメ、ムール貝といった海の幸を多く食するのに対して、ワロニーでは「アルデンヌ」と呼ばれる風光明美な森林山岳地帯から得られる野鳥、野兎といった野生動物のほか、広大な牧畜酪農地帯から得られるビーフ、ポーク、バター、チーズなどを食してきました。北部でフルーティーなビールが多く生まれ、南部でスパイシーなビールが多く造られた一因には、そういった食生活の違いも色濃く反映しています。

A　セゾンビール

「セゾンビール」は、本来、農家が冬の間に造り、夏から秋にかけての畑仕事の最中に渇いた喉を潤すために水代わりに飲まれるビールでした。ベルギーも７～９月は暑く、とくに南のワロニー地方は秋口まで暑い日が続きます。水代わりに飲むとすれば、あまりアルコール度数の高いビールは向きません。かと

いって、アルコールを弱めると夏まで貯蔵しておく間に傷んでしまいます。そこで、アルコール度数を5〜7％に抑える一方で、大量にスパイスを加えて傷みにくいビールに仕上げました。糖化工程で乳酸菌を取り込んで、酸味の効いた爽やかな飲み口にする工夫も施されました。乳酸菌はまた、ビールを悪くしない効果もあります。こうした醸造法が広く採用されているところはベルギーでもワロニー地域だけで、非常にユニークなビールと言えます。

セゾンビールの銘柄……………………………………………

セゾン・デポートル Saison d'Epeautre ⑩⑧、6.0％、ブロジエ醸造所（エノー州ブロジエ）

ブロジエ醸造所は1988年創業の新しいマイクロブルワリーです。伝統的な「セゾンビール」の手法を踏襲しながら独創的な味わいを造り出し、短期間のうちに多くの愛好者を獲得しました。「セゾン・デポートル」は、その名前の通りエポートル（古代種のドイツ小麦）を使い、軽い乳酸味とレモンのようなフルーティーな香りが重なりあう、歯切れのよいビールに仕上がっています。飲み込んだ後に口中に漂うエポートルの香りは、スパイスにも勝る素晴らしい味わい。２年以上貯蔵しておくと、さらに味わいが深まり、香りも豊かになるビールです。

セゾン・デュポン・ヴィエイユ・プロヴィシオン Saison Dupont Vieille Provision ⑩⑨、6.5％

セゾン・デュポン・ビオロジク Saison Dupont Biologique ⑪⓪、5.5％、デュポン醸造所（エノー州トゥルペルーズ）

この醸造所は1850年からセゾンビールを造り続け、1920年

からデュポン一族が経営を引き継ぎ今日に至っています。「ヴィエイユ・プロヴィシオン」は長期貯蔵を意味し、その色合いはゴールド。ホップとスパイスが絶妙に調和したえも言われぬ芳香と、甘味を抑えたみずみずしい口当たりが魅力です。酸味については、隠し味程度に抑えられていてほとんど感じられません。「ビオロジク」は有機栽培の麦芽で仕込んだもので、アルコール度数がやや低く、その分だけボディの軽いライトな飲み口に仕上がっています。

セゾン・レギャル Saison Regal ⑪、5.6 %、ボック醸造所（ナミュール州ピュルノード）

「レギャル」はフランス語で豪華なパーティを意味します。「セゾン・レギャル」はパーティでおしゃべりしながら口を潤すのにピッタリ。もちろん、一人静かに飲んでも楽しめるビールです。ホップとスパイスの香りのバランスが絶妙で、それとほのかな麦芽風味が調和した見事な味わい。口当たりは軽く、ちょっと苦味のあるさっぱりとした後味が特徴です。

セゾン・ド・シリー Saison de Silly ⑫、5.3 %、シリー醸造所（エノー州シリー）

シリー醸造所は、農業をやっていたメインスブルゲン一族によって1850年に建てられ、今日まで絶えることなくセゾンビールを造り続けてきました。「セゾン・ド・シリー」は白ワインのようにフルーティーでスパイシーで、しかも酸味が際立ったビール。最初の一口目に熟したプルーンやピーチを思わせる香りが感じられ、口の中ではスパークリング・ワインのような歯切れのいい感触が広がります。

B　ワロニアン・ブロンドエール

「ワロニアン・ブロンドエール」は、ピルスナーモルトやペールエールモルトで造られるため、色がきらきらとしたゴールドもしくは薄い銅色であることが第一の特徴です。特徴の第二は、麦芽風味はほとんど感じられない代わりに、ホップのアロマもしくはスパイスの香りをはっきりと効かせて、味わいにアクセントをつけていること。第三の特徴は、みずみずしい口当たりと喉越しです。アルコール度数に関しては、4.5％という低いレベルから7％程度の高いものまで広い範囲にわたっています。高アルコールのものは、概してフルボディに仕上がっています。

ワロニアン・ブロンドエールの銘柄……………………………

バンショワーズ・ブロンド Binchoise Blonde ⑪③、6.5％、バンショワーズ醸造所（エノー州バンシュ）

カーニヴァルで有名なエノー州バンシュ町のビール。色合いは、輝くばかりのストローゴールド。軽くスパイスの効いた香りの中に、洋梨とリンゴを思わせる複雑なフルーティー香が漂うビールです。味わいは、甘味を殺したドライな辛口。ふんわりとした口当たりと、みずみずしい飲み口が特徴です。苦味はごくごく控えめ。ほのかな酸味も、このビールの爽やかさをつくるのに欠かせない要素でしょう。ワロニアン・ブロンドエールを知るのに格好の逸品です。

ブリューノー・ヴィラージュ・ブロンド Brunehaut Villages Blonde ⑪④、6.5％、ブリューノー醸造所（エノー州ブリューノー）

かつてフランク王国の首都であった歴史的町トゥルネーの南、フランスとの国境近くにブリューノーと呼ばれる森林に囲まれ

た風光明美な地帯があります。そのロンジィ村でブリューノー醸造所は 1992 年に創業しました。「ブリューノー・ヴィラージュ・ブロンド」は、ホップのアロマが華やかなビールです。口に含むと心地よい甘味が広がり、やがてとても穏やかな苦味に変わります。ブリューノーの景色を彷彿とさせる爽やかなブロンドエールです。

グリゼット・ブロンド Grisette Blonde ⑮、4.5 %、フリアール醸造所（エノー州ル・ルールス）
「グリゼット」はフランス語で「灰色の毛が生えたばかりのひな鳥」を意味します。その名前の通り可憐で微笑ましいビールです。まずは、アルコール度数が 4.5 %と穏やか。口当たりは産毛のようにふんわりとしていて、リコリスに似た優しい甘さと苦さが舌を楽しませてくれます。喉越しは、清水のようなみずみずしさ。かすかにホップの苦味を残して後口をさっぱりとさせてくれます。サマービールと呼んでもいいほど、夏に最適のビールです。

モンタニャルド・アルティテュード 6 Montagnarde Altitude 6 ⑯、6.0 %、アベイ・デ・ロック醸造所（エノー州モンティニー・シュール・ロック）

アビイビールの傑作といわれる「アベイ・デ・ロック」を造っている醸造所のややアンバーがかったブロンドエール。「モンタニャルド」はフランス語で山岳住人の意味ですが、エノー州ではモンティニー・シュール・ロックの村人を指すとともに、ストロングエールの名前としても有名です。「アルティテュード 6」は、そのストロングエールの低アルコール・ヴァージョ

ン。みずみずしい口当たりと、華麗なホップのアロマがすこぶる印象的なビールです。

C　ワロニアン・ダークエール

フランスとの国境に接するエノー、ナミュール、リュクサンブールの3州には、フランス北部の伝統的な「ビエール・ド・ギャルド」というダーク・ビールの影響を色濃く受けているビールがあります。それが、この「ワロニアン・ダークエール」。琥珀色から茶色まで幅広い範囲の色を持ち、アルコール度数も4.5％から7％程度とヴァラエティー豊かです。いずれも、色の濃さに比例して焦げ臭やカラメルフレーバーが強くなり、甘味も増してきます。スパイスに関しては、ほとんど感じられないものもあれば、強く感じられるものもあって、さまざまです。

ワロニアン・ダークエールの銘柄……………………………

カラコル・アンブレー Caracole Ambree ⑪、7.2％、カラコル醸造所（ナミュール州ファルミニュル）

「カラコル」はフランス語で螺旋形のこと。カタツムリの殻も螺旋形をしていますから、ラベルにも描かれているとおり、「カタツムリ・ビール」と訳してもいいでしょう。この醸造所は1990年に創業したばかりなのに、造るビールがいずれも評判となって、カタツムリの歩みに反してまたたくまに大きくなりました。「カラコル・アンブレー」のトップノートは、スパイシーなホップのアロマ。口に含んでいると、オレンジの花の蜂蜜に似た芳香とリコリスを思わせる甘やかで心地よい苦味が現れ、フィニッシュをホップの強烈な苦味でドライに決めます。この醸造所は、色をもっと濃く仕上げ、麦芽風味を強調した

「カラコル・ブリュン」(7.2 %) というビールも出しています。

グリゼット・アンブレー Grisette Ambree ⑱、5.0 %、フリアール醸造所 (エノー州ル・ルールス)

口当たりは実にまろやか。口に含んでいると、麦芽のカラメル香、ホップのスパイス香、それにハーブの芳香が次々と姿を現し、それらが三重奏を奏でながら複雑で奥行きのある味わいをつくり出します。後口は軽く、ホップの苦味もあまり主張することなく喉に消えていきます。

6　ベルジャン・ペールエール系

ベルギービールの中にはイギリスビールの影響を受けているものがあります。イギリスとは毛織物などの交易を通じて11世紀から交流がありましたし、16世紀の初めにはイギリスのケント州やサセックス州にベルギー人のホップ耕作人が大勢渡ってホップ栽培を助けました。また、19世紀に入るとイギリスに留学して醸造技術を学ぶベルギー人も現れました。20世紀の初頭には英国系のジョン・マーティン社がベルギーにイギリスビールを輸入し始めて、多くのベルギー人がさまざまなスタイルのイギリスビールに馴染むようになりました。

そうした状況の中で、ベルギーの醸造家たちがイギリス・タイプのビールを造り出したとしても不思議ではありません。なかでも最も多く造られたビールは、ペールエールでした。とはいうものの、これまで他国から度重なる侵略を受けてきたベルギー人は、外国のビールをそっくりそのまま真似することを嫌いました。ペールエールにしても、イングリッシュ・ペールエ

ールの伝統的なキャラクターをそのまま受け継いだわけではありません。ベルギーの醸造家は各自がそれぞれ自由にアレンジして、独自のペールエールを造り上げたのです。

ベルギーのペールエールは、イギリスのペールエールのように一口飲んだだけでスタイルが識別できるような顕著な特徴を備えていません。イングリッシュ・ペールエールとは違ってアロマや苦味の点でホップ・キャラクターが著しく弱く（まれに非常にホッピーなものもありますが)、逆に麦芽のロースト香やカラメル・フレーバーが上回っていると言えます。さらに、英国ホップではなくベルギー産のホップやドイツ品種のノーブル・ホップを使っていることも、共通点として挙げられます。そういう共通点はあるものの、実際に飲んだときに感じられる風味の印象は銘柄ごとに大きく異なります。アルコール度数に関しても、イングリシュ・ペールエールが4.5％から5.5％の範囲であるのに対して、ベルジャン・ペールエールは4％から7％未満と幅が広くなっています。そうしたオリジナル性と多様性がベルジャン・ペールエールの魅力であり、選ぶときの楽しみでもあると言えるでしょう。ベルジャン・ペールエールの中には、ベルギーでライセンス生産されている英国メーカーのビールも含まれています。

ベルジャン・ペールエールの銘柄……………………………………

デ・コーニンク De Koninck ⑲、5.0％、デ・コーニンク醸造所（アントヴェルペン州アントヴェルペン）

「デ・コーニンク」は、1833年にデ・コーニンク醸造所を建てた創業者の名前。オランダ語で国王を意味するコーニンク（Koning）と音と綴りが似ているので、ラベルには王冠が描か

れています。その「デ・コーニンク」は口当たりの柔らかな銅色のビールで、バナナに似たフルーティーな香りとシナモンに似たスパイシーな香りの二重奏が舌の上で響き渡ります。また、ほのかにローストの効いた麦芽風味もときどき姿を見せ、エンディングはホップの苦味で決まります。カフェで飲むドラフト（樽入り）に比べ、ボトル入りは残念ながら感動に欠けていると言わざるをえません。

パッセンダーレ Passendale ⑳、6.0 %、デュヴェル・モールトハット醸造所（アントヴェルペン州ブレーンドンク・ピュールス）

ストロングゴールデンエールで有名な「デュヴェル」の醸造所が造るベルジャン・ペールエールで、色は霞みがかったゴールド。そのキャラクターは、「デュヴェル」の低アルコール・ヴァージョンと言ってもよく、洋梨とリンゴの香りが口中を満たし、舌や喉をみずみずしく潤してくれます。そのみずみずしさは、小麦で造るウィートエールにも似たジューシィな感触。喉元を通り過ぎるときは、しっかりと苦味を残し、フィニッシュをドライに決めてくれます。

ペートリュス・スペシアーレ Petrus Speciale ㉑、5.5 %、バヴィーク醸造所（西フランダース州バヴィークホーヴェ）

キリストの十二使徒の一人、聖ペテロを名乗る「ペートリュス・スペシアーレ」は、ローストした麦芽の香ばしいアロマが支配的なペールエール。口に含むとホップの香りが遠慮しがちに姿を現します。舌の先に触れるほのかな甘味と、上顎を潤すみずみずしい感触を楽しんでいると、いきなりホップの苦味が

ジワーッと舌奥に沁み込み始めます。飲み込んだ後も、苦味はしばらく喉の奥に残って消えません。

7　ベルジャン・ダークエール系

ベルジャン・ダークエールは、アルコール度数が４％から７％程度までの色の濃い上面発酵ビールの総称。一部スコッチエールを除きほとんどが北部フランデレンで造られていることが特徴です。スタイル的には、ブラウンエール、スタウト、スコッチエールが含まれ、イギリス・ビールの影響を強く受けていることは否めません。しかし、スコッチエールを別にするとイギリス・ビールの単なるコピーは一つもなく、ベルギービールらしいオリジナル性が随所に見られ、銘柄ごとに多様なアレンジが施されています。

A　ベルジャン・ブラウンエール

元来、ブラウンエールはイギリス発祥のビールですが、ベルジャン・ブラウンエールの場合、イングリッシュ・ブラウンエールのキャラクターはほとんど踏襲されていません。英国のものよりもさらに麦芽風味が強く、甘味を強めたり、ホップを効かせたり、スパイシーなフレーヴァーやエステル香を加味しているものも見られ、まことにヴァラエティー豊かです。色合いはアンバーからダークブラウンまで。アルコール度数も、イングリッシュ・ブラウンエールが５％前後であるのに対して、ベルギーのブラウンエールは６％を超えるものも見られます。

ベルジャン・ブラウンエールの銘柄……………………………

アルテヴェルデ・グランクリュ Artevelde Grand Cru ⑫、6.7 %、ハイゲ醸造所（西フランダース州メレ）
「アルテヴェルデ」は、フランデレンの革命家、ヤコブ・ファン・アルテヴェルデに由来する名前のビール。英仏百年戦争（1337 ～ 1453 年）のさなか、フランスに味方したフランデレン伯爵に対して、イギリスの羊毛を加工して生計を立てていたヘント市民が輸入を守るために決起。そのリーダーがアルテヴェルデでした。イギリス・スタイルのビールに格好のネーミングです。その「グランクリュ」は、麦芽風味を特徴としながらも、非常に爽やかで、かつ滑らかな口当たりを持つビールです。ホップのアロマはほとんど感じられませんが、フィニッシュにホップの苦味が忽然と現れ、革命家の名前に相応しい強烈な印象を残します。

ブリューゲル・アンバーエール Bruegel Amber Ale ⑬、5.2 %、ファン・ステーンベルヘ醸造所（西フランダース州エルトフェルデ）
「ブリューゲル」は、16 世紀に活躍したフランデレンの画家ピーテル・ブリューゲルのことで、ランビック・ビールの地、パヨッテンラントに居を構えて農民の暮しを描いた作品を数多く残しました。その 1 つ「農民の踊り」という絵の一部分が、このビールのラベルに使われています。絵の中に取っ手のついた壺が見えますが、これはおそらくランビック・ビールでしょう。しかし、「ブリューゲル・アンバーエール」は、もちろんランビックではなく、ホップの苦味を効かせた爽やかなビールです。麦芽風味は軽めに抑えられていますが、麦芽の甘味を残

すことで苦味との調和をきれいに造り上げています。強烈な個性はありませんが、毎日飲んでも飲み飽きない、親しみやすいビールです。

B　ベルジャン・スタウト

スタウトに関しては、「ギネス」、「マーフィーズ」、「ビーミッシュ」などのアイリッシュ・スタウトを踏襲したドライ系と、「マックソン」のミルク・スタウトを踏襲したスイート系が造られています。そうした中で、南部ワロニーの醸造所・エルゼロワーズの「エルキュール」Hercule だけはインペリアル・スタウトなみの高いアルコール度数を持ち、今や幻のビールといわれるほど入手困難な英国ジョン・スミス社「インペリアル・ロシアン・スタウト」に勝るとも劣らない素晴らしい出来映えを誇っています。

C　ベルジャン・スコッチエール

スコッチエールは、スコットランドで生まれたアルコール度数の高いビールです。ベルギーのスコッチエールも、スコットランドと同じように６％から８％の強いアルコールを特徴とし、麦芽風味を強調したフルボディのビールに仕上げています。歴史的には、スコッチエールというスタイル自体が、ベルギー市場に合わせてスコットランドで開発されたものですから、もともとベルギー人の嗜好に合っているスタイルなのでしょう。ベルギー産のスコッチエールもスコットランドのスコッチエールも、互いに非常によく似たキャラクターが感じられます。英国から渡来したスタイルなのに、なぜ海岸から遠い南部ワロニーで造られているのでしょうか。それは、第一次大戦後にイギリ

ス軍がこの地方に長く駐留し、スコットランド出身の兵隊が求めるスコッチエールを現地調達したからと伝えられています。

ベルジャン・スコッチエールの銘柄……………………………

スコッチ・ド・シリー Scotch de Silly ⑫④、8.0 %、シリー醸造所（エノー州シリー）

1918年頃、ベルギーを占領したドイツ軍を連合国が撃退し、シリーの町にイギリス駐留軍のベースキャンプが設置されました。そのイギリス軍指揮官は、麦芽とホップをイギリスから送らせ、兵隊たちに飲ませるためにスコッチエールの製造をシリー醸造所に命じたのです。こうして「スコッチ・ド・シリー」が誕生し、今日ではイギリスにも輸出されて多くの愛好者を獲得しています。その味わいは本場スコットランドの「マキュワン・スコッチエール」にも匹敵し、滑らかな口当たりとバナナを思わせるフルーティーな香りが印象的です。リコリスのような優しく和らいだ苦味と甘味。そして、飲み込む瞬間、アルコールの熱さが喉を打ちます。

8　ストロングエール系

アルコール度数が７％を超すビールの需要は、どこの国に行っても極めて希少です。ところがベルギーでは、アルコールの高さがワインに近いストロングエール系が大きな市場として存在しています。ベルギー人は概してアルコールの強い酒を好む国民と言われ、ベルギーは世界に冠たるジュニパージンの生産国としても知られています。

ベルギービールには、オランダ語でエンケル（フランス語で

サンプル)、デュッベル（同ドゥブル)、トリペル（同トリプル）という、アルコール度数を示すランクがあります。

ビールを造る工程では、最初に破砕した麦芽を湯に浸してデンプンを糖分に転化します。こうして造った液体が麦汁（ビールの素）になります。湯に浸す麦芽の量が多ければ糖分を大量に含む麦汁ができ、少なければ糖分の薄い麦汁となります。そして糖分を大量に含む麦汁ほど、できたビールのアルコール度数が高くなります。

ベルギーでは伝統的に、麦汁の糖分濃度を3段階に設定していました。1つは、糖分7.5％の濃度を持つ麦汁で、これから造ったビールをエンケルまたはサンプル（アルコール度数3％前後）と呼びます。2つ目は、エンケルの2倍の糖分濃度（15％）の麦汁で、できたビールはデュッベルまたはドゥブル（同6％前後）と呼ばれます。3つ目は、エンケルの3倍の糖分濃度（22.5％）の麦汁で、できたビールはトリペルまたはトリプル（同9％前後）と呼ばれています。

エンケル、デュベル、トリペルの伝統は、現代のベルギービールにも引き継がれています。アルコール度数の低いエンケルは「テーブル・ビール」とも呼ばれ、幼い子供や酒が飲めない大人が食事のときに楽しみます。「テーブル・ビール」は日本に輸入されていないので知られていませんが、その種類の多さでは他のヨーロッパの国を圧倒しています。

デュッベルやトリペルなどのストロングエールが今でもベルギーで多く飲まれている理由として、食事を美味しくさせるという効果も見逃せません。料理を美味しく味わうには、アルコールの強い酒の方が向いています。アルコールが食材やソースの風味を引き出してくれるからです（ということは、傷んだり

古い食材を使っているとバレてしまうということ)。そのうえ、フルーティーでスパイシーな香りが伴っていれば、食材やソースの風味に奥行きとツヤが加わります。

ストロングエールはまた、醸造家のウデが試されるビールです。糖分濃度の高い麦汁は、酵母の活動を著しく阻害します。逆浸透圧が高まり、酵母は酸素や糖分やアミノ酸やミネラルなどを吸収するのが困難になり、ときには細胞壁を破傷することがあるからです。また、糖化温度や発酵温度の調整次第で、香りや味のバランスがきれいに整ったり、逆に崩れたりします。醸造家の技術や感性がそうとう高くなくては、ストロングエールを上手に造ることができません。言い換えると、醸造家のチャレンジ魂を鼓舞するビールでもあるわけです。幸いなことに、ベルギーにはそうした醸造家のチャレンジに応えてくれる消費者が非常にたくさんいます。彼等は、ストロングエールを飲みながら、それを造った醸造家の技術と美的な感性に触れる楽しみを知っているのです。

A　フレミッシュ・ストロングエール

ベルギー北部のフランデレンで造られるストロングエールは、アルコール度数が７％以上のダークエール。麦芽風味を効かせたものが多く、アンバーからダークブラウンまでの濃い色で構成されています。風味や口当たりが赤ワインやブランデーに近く、同じ地域のオールドレッドやオールドブラウンと並んで肉料理などの食中酒に向いているものが多く揃っています。

フレミッシュ・ストロングエールの銘柄……………………………

ブリーハント Brigand ⑫⑤、9.0％、ファン・ホンセブラウク醸

造所（西フランダース州インヘルムンステル）
「ブリーハント」はベルギーの独立のために戦った市民ゲリラ隊です。そのビールは、輝くばかりの銅色で、ドライホッピングで強化した華麗なホップのアロマがすこぶる印象的。口に含むと、フルーティーな香りが現れ、アルコールの辛さがジーンと広がります。後口に、強いけれどもクリーンで爽やかな苦味が残り、フィニッシュをドライに決めます。

デリリウム・ノクテュールニュム Delirium Nocturnum ⑫⑥、8.0 %、ハイゲ醸造所（西フランダース州メレ）
「デリリウム・ノクテュールニュム」は暗闇の妄想という意味。暗闇のごとくダークな色をしていますが、飲むほどによからぬ妄想が現れることはなく、とても明るく酔えるビールです。香りの特徴は、カラメル、コーヒー、チョコレートなどが渾然一体となった芳醇な麦芽風味。リコリスに似た甘味と苦味の調和した味わいが、アルコールの辛さとともに舌や上顎に沁み入ります。飲み込むとき、強烈な苦味が舌の奥から湧き上がって、ドラマチックなエピローグを迎えます。

ハウデン・カロルス Gouden Carolus ⑫⑦、8.0 %
ハウデン・カロルス・キュヴェ・ファン・デ・ケーゼル
Gouden Carolus Cuvee Van De Keizer ⑫⑧、8.0 %、ヘット・アンケル－カロルス醸造所（アントヴェルペン州メヘレン）
「ハウデン・カロルス」は16世紀に神聖ローマ帝国で使われた金貨の名前。「カロルス」は神聖ローマ帝国皇帝カール5世のことで、少年時代にメヘレンで育ち、ヘット・アンケル醸造所とは密接な関係を持ちました。「ハウデン・カロルス」を口

に含むと、カラメル、バナナ、チェリー、オレンジ、パッションフルーツ、コリアンダー、レーズンなどの芳香が、次から次へと車窓の景色のように現れては消えていきます。ほのかな甘味を伴った口当たりは、強いアルコールと相まってポートワインにも似た感触。最後にほのかな酸味が現れ、エンディングを爽やかに決めます。「キュヴェ・ファン・デ・ケーゼル」は「皇帝のための特別醸造酒」を意味し、コルク栓のラージボトルで長期熟成させたもの。香りコクともにレギュラーボトルの「ハウデン・カロルス」を上回る逸品です。

カステールビール Kasteelbier ⑫⑨、11.0 %、ファン・ホンセブラウク醸造所（西フランダース州インヘルムンステル）
「カステールビール」はオランダ語で「お城のビール」の意味。ラベルに書かれている「ビエール・デュ・シャトー」も同じ意味のフランス語です。どこのお城かというと、この場合はフランデレン伯爵が 1075 年に建てたインヘルムンステル城を指します。この城をファン・ホンセブラウク醸造所が 1986 年に購入し、城内に古くからあったビールの貯蔵室を利用してビールを熟成させています。「カステールビール」は、麦芽の風味とアルコールが非常に強い、エクストラ・フルボディのビール。口に含んでいると、コーヒー、バナナ、イチジクなどの香りが姿を現し、甘味と苦味にツヤと奥行きをつけます。最後は、ポートワインのような芳醇なコクとともに華麗なエンディングを迎えます。

パウエル・クワック Pauwel Kwak ⑬⓪、8.0 %、ボステールス醸造所（東フランダース州ブッヘンハウト）

「パウエル・クワック」は、その昔に東フランダース州で宿屋兼ブルワリーレストランを営んでいた男の名前に由来します。クワック氏は、駅馬車の客がここで休んでいる間、馭者にビールを振舞うとき、特別のグラスを使いました。馭者がビールを馭者台に置くと、馬が暴れたときにグラスがひっくり返ってしまいます。だから、グラスを手から離せないように底を丸くしたのです。その後、クワック氏の宿屋もビールもなくなりましたが、ボステールス醸造所がこのユニークなグラスとともに「パウエル・クワック」ビールを復活させました。そのトップノートは、炒った麦とカラメルの香り。口の中では、ほろ苦さと甘さが絶妙に調和した心地よい味わいをつくり出します。

サタン・レッド Satan Red ⑬①、8.0 %、ブロック醸造所（フラームス・ブラーバント州ペイゼヘム－メルフテム）
「サタン」はオランダ語で悪魔の意味。ベルギービールには、これと類似の名前がいくつかあります。「サタン・レッド」は、悪魔の誘惑にも似た、甘やかなカラメル・フレーヴァーに満ちたビール。口に含んでからも、コニャックに似た魅惑的な甘味で舌を喜ばせます。ところが、いつのまにかアルコールの辛さが口の中に充満し、気がついたときは身体のすみずみまで酔いが回っているという仕掛け。一見、なんのクセもなく、すいすいと入ってしまいますが、後がものすごく恐いビールです。

フェルボーデン・フリューフト Verboden Vrucht ⑬②、9.0 %、フーハルデン醸造所（フラームス・ブラーバント州フーハルデン）
「フェルボーデン・フリューフト」はオランダ語で「禁断の果

実」という意味。ラベルの絵は、ルーベンスの同名の作品を下地にしています。その香りたるや、まことに複雑にして怪奇。まずトップノートのペッパーに似たスパイス香はホップのアロマであることは分かりますが、次に現れるチョコレート、コーヒー、アプリコット、アーモンド、リンゴなどが混然となった香りは、いったい何に由来するのでしょうか。最後に姿を見せるコリアンダーの香りで、いかにもフーハルデン醸造所のビールらしさが感じられ、いくらかホッとします。

B　ワロニアン・ストロングエール

ワロニアン・ストロングエールはフランスに近い南部で造られる、アルコール度数７％以上のダークなビールです。色合いは、ペールエールのような銅色から黒色まで広範囲のものが含まれます。味わいとしては、麦芽風味のほかに、多様なスパイスで爽やかな芳香をつけたものが多く、また、フルーティーなものも見受けられます。色味は別として、シャンパンやアルザスの白ワインに似たキャラクターを持ち、魚介や野菜料理に合うのがワロニアン・ストロングエールの特徴です。

ワロニアン・ストロングエールの銘柄……………………………

ビエール・ド・ベルイユ Biere de Beloeil ⑬③、8.5％

セルヴェシア Cervesia ⑬④、8.0％、デュポン醸造所（エノー州トゥルペルーズ）

セゾンビールやアビイビールで名高いデュポン醸造所は、ワロニー風の高アルコールビールも数種類造っています。ここでご紹介する２種のビールは、いずれもダーク系ですが、実際の色はダークというよりもペールエールに近いライト・アンバー

と言った方が適切です。「ビエール・ド・ベルイユ」は、同じエノー州にあるベルイユ城のために造っているビールで、スパイスを効かせた爽やかな飲み口が特徴です。「セルヴェシア」は、小麦を使って醸し出したリンゴの香りと、みずみずしい口当たりを持つビールで、ホップを一切使わず14種類のハーブで風味づけをしているところがユニークです。そもそも「セルヴェシア」とは、ラテン語でビールのこと。ベルギー人の祖先にあたるゴロワーズが紀元前にハーブのビールを造っていた歴史にちなんでつけたネーミングと思われます。

バンショワーズ・ブリュン Binchoise Brune ⑬⑤、8.5％、バンショワーズ醸造所（エノー州バンシュ）

カーニヴァルで有名なエノー州バンシュの町で造られるブラウン色のビール。その第一印象は、炒った麦を思わせる香ばしい麦芽風味。口に含んでいると、オレンジピールのフルーティーかつスパイシーな香りが姿を見せ、清涼感が広がります。甘味と苦味の絶妙な調和がつくり出すスッキリとした味わいがなんともいえません。ほのかな酸味も、このビールの爽やかさをつくるのに貢献しています。アルコール度数が８％を超えるビールとは思えない、飲みやすいビールです。

ブッシュ・ビール12 Bush Beer 12 ⑬⑥、12.0％、デュビュイソン醸造所（エノー州ピペ）

この醸造所を営んでいるデュビュイソン氏は、日本語で言うと藪野さん。英語ではミスター・ブッシュとなります。ビール名の「ブッシュ12」は、オーナーの名前を英語にしたものとか。「12」は、アルコール度数12％の意味。高アルコールビー

ルの先駆者です。この「ブッシュ 12」、糖分濃度 24.5 %という、とてつもない高濃度の麦汁で造ります。発酵も 24 ～ 25℃という高い温度で行われるため、非常にフルーティーな香りが備わります。色合いは、ややゴールドがかったアンバー。高いアルコール度数にもかかわらず、口当たりはスッキリ。スパイスの芳香が、このビールをさらに爽やかにしています。

ドゥブル・アンギャン・ブリュン Double Enghien Brune ⑬⑦、8.0 %
ラ・ディヴィン La Divine ⑬⑧、9.5 %、シリー醸造所（エノー州シリー）

シリー醸造所はセゾンビールで知られたメーカーですが、ワロニアン・ストロングエール系でも素晴らしいビールを造っています。その 1 つ「ドゥブル・アンギャン・ブリュン」は、ストロベリーやラズベリーを思わせるフルーティーな香りのビール。甘味と酸味によってツヤと奥行きも感じられます。いくぶんコーヒーを思わせる麦芽風味が香りに複雑さとコクをもたらしています。また、甘味と苦味がミックスしたリコリスのような味わいも、このビールの美味しさをつくっているポイント。後口には、強い苦味が現れ、フィニッシュをドライに決めます。ちなみに「ドゥブル」は麦汁糖分濃度を表すフランス語で、オランダ語の「デュッベル」と同じ。「アンギャン」とはシリーの北西 10 キロのところにある町の名前です。

「ラ・ディヴィン」は神を意味する言葉で、ラベルにはチャペルが描かれています。その口当たりは、強いアルコール感に支配されたフルボディの極致。フルーティーで、スパイシーで、辛口で、これはまさにビールのブランデーであります。

ラ・モヌーズ La Moneuse ⑬⑨、8.0 %、ブロジエ醸造所（エノー州ブロジエ）
「モヌーズ」は、アントワーヌ・ジョセフ・モヌーズという盗賊の名前。18 世紀頃、道行く駅馬車を襲ったり、裕福な屋敷に侵入して貴重品を盗み、貧しい人々に分け与えました。1988 年に、その子孫の一人が醸造家となって、いくつかのビールを造り始めました。その 1 つが「ラ・モヌーズ」。スパイスとホップをふんだんに使った、香り高いビールです。その味わいは、イギリスの ESB（Extra Special Bitter ＝ホップの苦味と香りが強いイギリスのビール）にも匹敵するクリーンな苦味。飲むほどにドライな美味しさが深まります。この苦味がきつ過ぎる人は、3 年ほど寝かせて置いてください。苦味が弱まり、ほのかに甘味ができます。

ラ・モンタニャルド La Montagnarde ⑭⓪、9.0 %、アベイ・デ・ロック醸造所（エノー州モンティニー・シュール・ロック）
「モンタニャルド」はフランス語で山岳住人の意味ですが、エノー州では、フランスとの国境近くにある岩山の麓の村、モンティニー・シュール・ロックの人々を指します。「ラ・モンタニャルド」は澄んだ銅色のビールで、甘く香ばしいカラメルのアロマが支配的です。口に含むと、ホップとハーブがもたらす爽やかな芳香がみなぎり、リコリスに似たやさしい苦味が現れてきます。飲み込むときは、強いアルコールによって喉と胃を熱く火照らせ、やがて身体のすみずみに心地よい酔いが回り始めます。

マクシュフ McChouffe ⑭1、8.5 %、アシュフ醸造所（リュクサンブール州アシュフ）
「シュフ」はベルギーの南東部に広がる風光明媚な地、アルデンヌに棲む妖精のこと。「マクシュフ」は、妖精の子孫。これは、カラメル、コーヒー、チョコレートなどの麦芽風味と、コリアンダーのスパイス香に支配された濃厚芳醇なビールです。口に含むと、一気に甘味が広がり、その甘味の中からにじみ出るようにアルコールの辛さが現れます。後口には、甘さがすっかり消えて、ドライワインのような感触だけが残ります。苦味はまったく感じられません。

C　ストロングゴールデンエール

世界のビールの歴史を繙《ひもと》くと、この世に初めてゴールド色のビールが登場したのは 1842 年とされますから、ベルギーの独立以降の新しい話です。そのビールは、チェコのピルゼン市で生まれたために「ピルスナー」という名前で、またたくまに世界中に広まりました。一気に広まった理由の 1 つは、当時は珍しかったゴールドの色合いです。その後もダークな色のエールを造り続けたベルギーでも、第二次大戦後には多くの人々がピルスナーを飲むようになったため、これに危機感を持った醸造家の中で伝統的なエールをゴールド色に仕上げる試みが始まりました。その成果は、とくにトリペルなどの高アルコールビールの分野で大きく実り、ストロングゴールデンエールというジャンルが確立したわけです。

最初のストロングゴールデンエールは、1970 年に生まれた「デュヴェル」です。それ以前の「デュヴェル」はダークなビールでしたが、ゴールド色に変えたことで大成功を収めました。

ほかにも色の淡い高アルコールビールを試作していた醸造家は、「デュヴェル」の成功に意を強くし、それぞれが独自の個性を主張するストロングゴールデンエールを発表したのです。

現在では、アルコール度数が7％から11％までの多様なストロングゴールデンエールが造られ、その数は40種類とも50種類とも言われています。これからも、新しい銘柄が次から次へと登場するでしょう。

ストロングゴールデンエールの銘柄……………………………

ビエール・デュ・ブカニエ・ブロンド Biere du Boucanier Blonde ⑭、11.0％、ファン・ステーンベルヘ醸造所（東フランダース州エルトフェルデ）

「ブカニエ」は、17世紀後半にスペインの商船を襲撃した海賊。また、オランダ語で海賊を意味するビール「ピラート」Piraatのフランス語名のレーベル・ビールを指します。その名前に相応しく、口の中で強烈なアルコールが暴れ出すのではないかと思いきや、実は非常にふんわりとしたやさしい感触にビックリします。フルーティーさとスパイシーさが混じり合ったえも言われぬ芳香に加えて、リコリスを思わせる柔らかな甘味と苦味。それにホップのフラワリーな香りも時折姿を見せます。その幾重にも連なる香りに酔いしれているうちに、いつのまにか身体中がアルコールに襲撃されているという具合。やはり海賊の名に値するビールです。

デューフニート Deugniet ⑭、8.0％、ボック醸造所（ナミュール州ピュルノード）

「デューフニート」はオランダ語で悪戯《いたずら》っ子の意味。フランス

語地域のナミュール州のビールですが、オランダ語の名前になっています。先駆者「デュヴェル」の直後に出たストロングゴールデンエールは、悪魔系のネーミングを採用しているものが多いのは興味深い現象です。さてこの「デューフニート」、「デュヴェル」ほどに強烈な魔性を持ってはいませんが、まるみのあるどっしりとしたボディが特徴で、トリペルらしい強靭さを秘めたビール。フルーティーな香りは弱すぎず強すぎず、みずみずしい口当たりもきちんとつくり出していて、このビールを造った醸造家の人となりを感じさせる几帳面なビールと言ってもいいでしょう。

ドゥブル・アンギャン・ブロンド Double Enghien Blonde ⑭⑭、7.5 %、シリー醸造所（エノー州シリー）

　ゴールデンエールとしては、ややアンバーがかった色合いのビール。カラメルのフレーヴァーがほのかに感じられ、ワロニアン・ストロングエールの面影を引きずっています。口の中では、洋梨に似た爽やかなフルーツ・アロマがジューシィな甘味とともに現れ、後口に残るのはクリーンでやさしい苦味。たいへんよくできた美味しいビールですが、ストロングゴールデンエールらしい魔性は秘めていません。

デュヴェル Duvel ⑭⑤、8.5 %、デュヴェル・モールトハット醸造所（アントヴェルペン州ブレーンドンク・ピュールス）

「デュヴェル」は、オランダ語で悪魔の意味。ストロングゴールデンエールの先駆者・開拓者として誉れ高いビールです。思わず「元祖」と呼びたくなりますが、それぞれが個性を大切にするベルギービールに対して、そのような敬称を与えるのはか

えって失礼でしょう。「デュヴェル」の特徴は、柔らかさと強さが絶妙に調和していること。アルコール度数が極めて高いにもかかわらず、口当たりはふんわりとメレンゲのような柔らかさ。苦味も強いのに、和らいで感じます。ホップの香りも強烈なのに、けっして嫌味がありません。口に含んでいると洋梨のブーケが現れ、実にみずみずしい味わいを感じさせます。

ブッシュ・ビール 7 % Bush Beer 7 % ⑭6、7.0 %
ブッシュ・ビール Bush Beer ⑭7、10.5 %、デュビュイソン醸造所（エノー州ピペ）

ベルギビールの中でアルコール度数が一番高い「ブッシュ12」の、これはゴールデンエール・ヴァージョン。ただし、アルコール度数は 7 %ないし 10.5 %と控えめに仕上げています。「ブッシュ・ビール 7 %」の方は、ややアンバーがかったブロンド色で、香り高いビール。スミレ、ペッパー、コリアンダーなどが混然となった、フラワリーでスパイシーな芳香が魅力です。ゴールド色の「ブッシュ・ビール」は、「ブッシュ・ビール 7 %」の芳香を生かしながら、甘味から辛味へと変化するドラマチックな味わいが楽しめます。

カンピュス・ブロンド Campus Blond ⑭8、7.0 %、ハイゲ醸造所（西フランダース州メレ）

オランダ語の「カンピュス」は、英語のキャンパスと同じ意味。つまり、大学のビール、学生のビールです。その香りは、甘さを伴ったフルーティー・アロマ。口に含むと、甘味がはっきりと広がります。その甘味の中からハーブやスパイスの香りが姿を現し、やがてドライな苦味に移り変わります。アルコー

ル度数を7％と控えめにしていることからも、これは学生の中でもとくに女子大生を狙って造られたビールと思われますが、どうでしょうか。

キュヴェ・デ・トロル Cuvee des Trolls ⑭⑨、7.0％、デュビュイソン醸造所（エノー州ピペ）
「トロル」は北欧の神話に出てくる可愛い妖精、「キュヴェ」は醸造桶。「キュヴェ・デ・トロル」は、輝くばかりのブロンド色のビール。ハニーを思わせる甘やかなトップノートが印象的です。口に含むと、コリアンダー、オレンジピールなどのスパイス香が立ち上り、リコリスを思わせる甘くてほろ苦い味が舌を覆います。口当たりは、みずみずしくジューシィ。やがて、強い苦味が現れて甘味をサァーッと払拭し、口の中は一瞬にしてドライな世界に変わります。

デリリウム・トレメンス Delirium Tremens ⑮⓪、9.0％
デリリウム・ミレニウム・トリペル Delirium Millenium Tripel ⑮①、9.0％、ハイゲ醸造所（西フランダース州メレ）
「デリリウム・トレメンス」は、アルコール中毒者の幻覚という意味。このビールが初めて造られたときに、ネーミングを考えていた社員がいい名前を思いつくまでビールを飲み続けたので、ついに幻覚を見てしまったとか。そのことを知った社長が「幻覚」をビールの名前にしてしまったのです。「デリリウム・トレメンス」は、麦芽風味を伴うスパイシーなビール。後口に、プラムやグズベリーを思わせるフルーティーな香りが漂います。「ミレニウム・トリペル」は、もっとゴールド色に仕上げたフルーティーでドライなビールです。

ギヨティン Guillotine ⑮②、9.0 %、ハイゲ醸造所（西フランダース州メレ）

ギロチンは英語読み。フランス語でもオランダ語でも「ギヨティン」と発音します。このビールは「デリリウム・トレメンス」と非常によく似たキャラクターですが、オレンジや洋梨を思わせるフルーティーな香りと、みずみずしい味わいが、大きな違いをつくっています。口に含んでいると、アルコールの辛さが次第に甘味に中和されて、ハードな感じが払拭されます。しかし、飲み込んだとたんに、燃えるような辛さが再び現れて胃袋を焦がします。

フーハルデン・グランクリュ Hoegaarden Grand Cru ⑮③、8.7 %、フーハルデン醸造所（フラームス・ブラーバント州フーハルデン）

ホワイトエールで有名なフーハルデン醸造所の大麦 100 % トリペル。その風味は、まことに複雑で、しかも華麗。ピーチ、洋梨、マンゴー、ハネデュウメロンなどの香りが口の中で次々と現れては消えます。そのドラマチックな変化に富んだ芳香は、高いアルコール度数と相まって、まさにリキュールを口にしているような感動をもたらします。飲み込むと胃袋を熱く刺激して猛烈な食欲を呼び起こし、食前酒としても最適なビールです。

ユダス Judas ⑮④、8.5 %、ウニオン醸造所（エノー州ジュメ）

「ユダス」はキリストの十二使徒の一人でしたが、後にキリストを売り渡して裏切り者の汚名を着せられました。でも、ビールの「ユダス」は、けっして期待を裏切りません。そのトップ

ノートは、バナナを思わせるフルーティーな香りを伴った強い麦芽風味。その陰に隠れるようにして、ホップのスパイシーな香りも漂います。もう少し深く味わっているとハーブの香りも現れて、すぐに飲み込まなくてよかったと思わせてくれます。後口には、オレンジピールのような柔らかな苦味とレモンのような酸味が軽く残り、フィニッシュを爽やかに飾ります。

カステールビール・ハウデン・トリプル Kasteelbier Gouden Triple ⑮5、11.0 %、ファン・ホンセブラウク醸造所（西フランダース州インヘルムンステル）

　フランデレン伯爵の居城が描かれたラベルの「カステールビール・ハウデン・トリプル」。そのトップノートは、ハーブとフレッシュ・ホップが一体となった爽やかなフレーヴァーです。輝くばかりのゴールド色にもかかわらず、口に含んでいると炒った麦の香ばしい焦げ香が出現。口の中でさらに温まると、ドライフルーツのような甘やかで複雑な香りが加わり、ポートワインのようなフルーティーでコクのある味わいが広がります。口当たりは、ふんわりとサテンのように柔らか。おとなしく隠れていた苦味も後半になって姿を見せ始め、舌に残る甘味を一掃。アルコールの辛さと相まって後口をスッキリと決めます。

マルール 10 Malheur 10 ⑮6、10.0 %

マルール 6 Malheur 6 ⑮7、6.0 %、ランツヘール醸造所（東フランダース州ブッヘンハウト）

「マルール」とは、オランダ語で災難とか不幸という意味。何故こんな名前をつけたのか分かりませんが、こんな素晴らしいビールを一度でも口にしたら、もうほかのビールは飲む気がし

なくなるということでしょうか。それは確かに、まことに不幸なことであります。「マルール 10」は、スプリッツァーのような爽やかさと、ポワール・ウィリアムスのようなリキュールの味わいを兼ね備えた、華やかなビールです。口当たりは、実にふんわりと柔らかく、アルコールが 10 %もあるとは思えません。しかも、サテンのように滑らか。口の中では、洋梨、リンゴ、コリアンダー、オレンジなどの香りが走馬灯のように駆け巡ります。「マルール 6」はホップのアロマと苦味の効いた爽やかなビール。アルコール度数は 6 %。本来はストロングゴールデンエールではなくフレミッシュ・ブロンドエールとでもいうべきでしょう。写真のグラスは「マルール 4」とありますが、これらの銘柄にも使えます。

デュポンⅢ Dupont III ⑱、9.5 %、デュポン醸造所（エノー州トゥルペルーズ）

「デュポンⅢ」は「ヌーヴェルアン」Nouvelan とも呼ばれているデュポン醸造所の高アルコール・ブロンドエール。その味わいは、ワロニーのストロングゴールデンエールに相応しくスパイスを絶妙に効かせた芳香と、辛口の白ワインに似たスッキリとした口当たりが特徴です。口に含んだときにほのかな甘味が感じられますが、すぐにアルコールの辛さが表に出てきて、ハードな世界に一転します。そのハードさは飲み込んだ後も口の中に残り、舌をジンジンと火照らせます。懲りずにそれを繰り返しているうちに、気がついたら 750 ミリリットルのボトルが空になっているという具合。身体のすみずみに心地よい酔いが回っていることは、言うまでもありません。

ポペリンフス・ホンメルビール Poperings Hommelbier ⑮⑨、7.5 %、ファン・ホンセブラウク醸造所（西フランダース州インヘルムンステル）

「ポペリンフス」とは、ベルギーのホップ産地ポペリンへを意味し、「ホンメルビール」はオランダ語でホップ・ビールを意味します。これだけホップを強調しているだけあって、「ポペリンフス・ホンメルビール」は最初の一口目から強烈な苦味が襲いかかってきます。とはいっても、けっして不快な苦味ではなく、クリーンで澄んだ味わい深い苦味。しかも、適度な甘味に包まれているので、まことに心地よく感じられます。ほんとうに美味しいビールの苦味とは、こういうものであったのかと目からウロコが落ちる思いがします。その苦味に比べて、ホップのアロマはごくごく軽く、フルーティーな香りを伴っているので、嫌味がまったくありません。ホップの苦味をストレートに打ち出したビールの傑作です。

サクソー Saxo ⑯⓪、8.0 %、カラコル醸造所（ナミュール州ファルミニュル）

「サクソー」はサキソフォーン奏者の意味。ブロンド色の高アルコールビールで、リンゴに似たフルーティーな芳香を持っています。香りのパワーはそれほど強くなく、ピアニシモと言いたいほど静かに澄んだ上品な感じ。口に含むと、小麦の柔らかな酸味に続いて、徐々に麦芽の甘味が現れてきます。その甘味はだんだんと強まり、アルコールの辛さと相まって、ついにはフォルテの領域へ。飲み込んだ後は、一転して苦味が広がり、ドライなエンディングとなります。

9　フレーヴァードエール系

フレーヴァードエールとは、大麦麦芽、小麦、ホップ以外に、スパイス、ハーブ、フルーツなどを加えて特別のフレーヴァーを付与しているビールのことですが、このような定義ではベルギービールの大半がフレーヴァードエールのカテゴリーに含まれてしまいます。たとえば、ホワイトエールには、通常、コリアンダーやオレンジピールが使われますし、セゾンビールにもスパイスを加えるケースが多く見られます。そのほかのカテゴリーに属すビールでも、スパイスやハーブを隠し味に使っている場合が少なくありません。

そうしたビールと、この項で扱うビールとは、どう違うのか。これについて明確な答えを出すことははなはだ難しいのですが、ここでは一応、「麦芽とホップがもたらすフレーヴァーよりも、スパイス、ハーブ、もしくはフルーツがもたらすフレーヴァーで強く特徴づけられているビール」というように、ご理解いただければ幸いです。

ベルギーでビールを最初に造ったのはローマ人からゴロワーズと呼ばれたケルト人でした。その時代にはまだホップをビールに用いることが知られておらず、もっぱらスパイス、ハーブ、フルーツなどで風味づけを行うとともに保存性を高めたと思われます。ベルギービールにはその伝統が色濃く反映され、今日では、コリアンダー、クミン、シナモン、オールスパイス、アニスシード、バジル、ボックマートル、チコリ、クローヴ、ジンジャー、ヤクヨウニンジン、ホースラディッシュ、ジュニパーベリー（杜松）、リコリス、ミント、ナツメグ、ペッパー、

ヴァニラ、クルマバソウ、ハニー（蜂蜜）、果実の皮などのスパイスのほか、ハーブ、アーモンド、ヘーゼルナッツ、チェスナットなどの木の実、それからチェリー、ラズベリー、ストロベリー、カシス、ピーチ、パッションフルーツ、グレープなどの果実が多く使われています。

醸造家はこうした多種多様な香味原料の中から自分の好みや感性に合ったものを選んでビールを造るわけですが、結果として麦芽とホップだけで造るビールよりも遥かに個性的で、しかもヴァラエティーに富んだビールを造ることができます。ベルギーに同じ味のビールは2つとないと言われる理由の1つとして、多彩なスパイスやハーブやフルーツをふんだんに使っていることが考えられます。それはまた、スパイスやハーブやフルーツの使い方に秀でた遠い祖先の血が、いまもってベルギーの醸造家に受け継がれているからではないでしょうか。

A　ハーブ・スパイスエール

先に挙げたコリアンダー、クミン、シナモン、オールスパイスなどで、強くフレーヴァーをつけたビール。通常は、一種だけでなく複数のハーブやスパイスをブレンドして個性的なフレーヴァーをつくり出しています。

ハーブ・スパイスエールの銘柄……………………………

ラ・セルヴォワーズ・デ・アンセトル La Cervoise des Ancetres
⑯、8.5％、ハイゲ醸造所（西フランダース州メレ）
「セルヴォワーズ」は古代ビール、「アンセトル」は祖先を意味します。つまり、これはベルギー人の祖先、ゴロワーズたちが造っていたビールを表すネーミング。その古代ビールのイメ

ージは確かに感じられ、ハーブの強烈な香りが口に充満し、心地よく鼻孔をくすぐります。味わいは、リコリスを思わせる爽やかでさっぱりとした甘味が主体。しかし、その甘味はアルコールの強さを隠すカモフラージュであったのです。甘味が消えるに従ってアルコールの強烈な辛さが姿を現し、口の中をカッカと燃やします。

マルール・ブリュット・レゼルヴ Malheur Brut Reserve ⑯②、11.0 %、ランツヘール醸造所（東フランダース州ブッヘンハウト）

「ブリュット・レゼルヴ」は、シャンパンと同じ「メトード・シャンプノワーズ」という方法で750ミリリットルのシャンパン・ボトルに詰められています。コルクの栓を抜くと、ミントやバジルなど爽やかなハーブの香りが辺り一面に漂います。口に含むとリコリスのような柔らかい甘味が感じられますが、すぐに苦味を伴うドライな辛さと入れ替わり、ブリュット（辛口）の名前を裏切りません。そのドライな感触は、ボトリングの後に長期間熟成させた結果でしょう。飲み込むと、強いアルコールが胃の粘膜を刺激します。ボトルの温度が温まるにつれて次々と違った香りと味わいが楽しめるので、一人で飲んでも750ミリリットルの大瓶を持て余すことがありません。

ヴァプール・コションヌ Vapeur Cochonne ⑯③、9.0 %
ヴァプール・アン・フォリ Vapeur en Folie ⑯④、8.0 %、ヴァプール醸造所（エノー州ピペ）

「ヴァプール」はフランス語で蒸気の意味。醸造釜の撹拌機などを回す動力として現代では電気モーターが使われますが、こ

の醸造所では19世紀に造られた蒸気エンジンを使っていることからつけられた名前です。「コションヌ」もフランス語で、これは豚の意味。なぜ「豚」とネーミングしたのでしょうか。オーナーで醸造家のジーンルイス・ディッツ氏は、私がお会いしたとき、たいへん太っていたので（ラベルに描かれた豚ほどではありませんでしたが）聞くのを遠慮しました。「ヴァプール・コションヌ」はスパイス・ビールですが、強烈に香り立つほどスパイスを強めていません。ですから、冷たくして飲むとスパイスの香りを楽しめないでしょう。口に含んだとき、まっ先に感じるのは強い甘味です。これは麦芽と混じりあったオレンジピールやリコリスの甘味。その甘味の中から、ブレンドされたスパイスの香りが、少しずつゆっくりと姿を現してきます。舌の左右にほのかな酸味も感じられるようになり、爽やかな味わいが生み出されます。スパイスと酸味のお陰でしょうか、飲み込んでも甘味は残らず、後口はさっぱり。「ヴァプール・アン・フォリ」の「アン・フォリ」はフランス語で「夢中になっている」とか「狂っている」という意味です。このビールは、最初の１口目にグーゼ・ランビックに似た乳酸の香りと強い酸味を感じますから、抵抗感を持つ人が多いでしょう。しかし、２口、３口と飲み進み、グラスが空く頃にはもう虜になっているはず。口の中で温まるにつれて乳酸香と酸味が和らぎ、待望のスパイス香が姿を見せ始めます。リンゴやプラムを思わせるフルーティーな香りも現れます。そうすると、もう止められません。こういうのを「アン・フォリ」というのでしょうか。

B　フルーツエール

ベルギーのフルーツエールにはランビック系のものと非ラン

ビック系のものがあります。この項で扱うフルーツエールは非ランビック系のもので、伝統的にはチェリーとラズベリーが主流でしたが、今日ではうるさくフルーツの種類を問うことはありません。ただ、ランビック系のフルーツエールに比べて、アルコール度数の低いものも多数見られます。味わいについては、フルーツの種類と香りのレベル、それに酸味と甘味の調整をどうつけるかによって、大きな違いができます。

フルーツエールの銘柄……………………………………………

リーフマンス・クリークビール Liefmans Kriekbier ⑯、6.5 %
リーフマンス・フラムボーゼンビール Liefmans Frambozenbier ⑯、5.4 %、リーフマンス醸造所（東フランダース州アウデナールデ）

東フランダース州のオールドブラウンで有名なリーフマンス醸造所のフルーツエール。オールドブラウンをベースにクリークやフランボアーズを加えているため、茶色がかった赤色と強い酸味が感じられます。その強い酸味は、しかし、華麗な香りを伴うフルーツの甘味で和らげられていて、口当たりが柔らかく、喉越しも実に爽やか。「クリーケンビール」は、グラスに注いでいるときからダークチェリーの香りが馥郁《ふくいく》と漂い、飲み終えてからもしばらく口の中に残ります。「フラムボーゼンビール」は、ラズベリーの妖艶な香りのほかに、木の切り屑やパイプタバコに似た香りもほのかに感じられ、甘口の赤ワインのような複雑な味わいです。

エフテ・クリーク Echte Kriek ⑯、6.8 %、ヴェルハイゲ醸造所（西フランダース州ヴィフテ）

「エフテ・クリーク」は、西フランダース州のオールドレッド「デュシェス・ド・ブルゴーニュ」をベースにチェリーを加えたフルーツエール。「エフテ」とは、オランダ語で本物とか正統派を意味します。その色合いは、ブルゴーニュ・ワインのような深紅のレッド。私の試飲では、出来立ての真新しいものほど、フレッシュなチェリーの香りが馥郁と立ち上り、甘味と酸味がバランスよく調和して、うっとりとする美味しさが楽しめました。一方、長い間保管して置いたものはチェリーの香りが弱まり、代わりに新しい複雑な風味が加わってきます。オールドレッドが持つ、乳酸、カラメル、オーク、タンニンといった香りが、チェリーのフルーティーな香りと混じり合い、どこか醤油に似た感じが生まれます。ビールが醤油臭いというのはイメージを損なう言い方ですが、飲んでみて初めて分かる素晴らしい味わいです。私は、時間が経ったものの方が深みやコクがあって、美味しいと思います。

C　ハニーエール

ハニーエールは、蜂蜜で風味づけしたビールです。ビールの世界では、蜂蜜を発酵させて造るミードというお酒がありますが、ベルギーでは見かけません。もっぱらビールの香りづけに蜂蜜が使われます。ハニーの香りは非常に弱々しくデリケイトなので、麦芽風味やホップのアロマの強いビールに加えてもあまり効果を発揮しません。そのため、ハニーエールはブロンドないしゴールド色のビールか、色があってもせいぜいライトアンバー色までの淡色ビールで造ります。風味の特徴としては、蜂蜜の香りを損なわない程度に発酵で醸し出したフラワリーな香りや軽いスパイス香を合わせ、奥行きのある飲み口に仕上げ

るのが一般的です。

ハニーエールの銘柄…………………………………………………………

ビエール・ド・ミエル Biere de Miel ⑱、8.0 %、デュポン醸造所（エノー州トゥルペルーズ）
「ミエル」はフランス語で蜂蜜の意味。ラベルにはメルヘン・タッチで蜂の巣のイラストが描かれていて、飲む前から楽しい気持ちにさせてくれます。「ビエール・ド・ミエル」は、蜂蜜のほかにいくつか異なる芳香がからみ合っていて、複雑なキャラクターを持つビールに仕上げられています。蜂蜜を入れたフルーツカクテルとでも言ったらいいでしょうか。洋梨、シナモン、オレンジピール、そのほかハーブを感じさせる香りなど、口にするたびに違う香りが現れて、興味が尽きません。親しい友だちと一緒に飲みながら、いろいろな香りを見つけっこすると、このビールはもっと楽しくなるでしょう。

ビエール・デ・ウルス Biere des Ours ⑲、8.5 %、バンショワーズ醸造所（エノー州バンシュ）
「ウルス」はフランス語で熊の意味。昔から蜂蜜は熊の大好物とされているところから、このネーミングになったのでしょう。ラベルには熊の絵が描かれているので、クマの肝でも入っているのかと早とちりする人がいるかもしれません。誤解されないように「蜂蜜入りビール」Biere au Miel と断り書きが印刷されています。グラスに入った「ビエール・デ・ウルス」を鼻の先に持っていくと、蜂蜜の香りがプーンと立ち上るのが感じられます。口に含むと、蜂蜜と同時に軽いカラメルの香りも見つかり、舌の先に心地よく触れる蜂蜜の甘さと相まって、コクと奥

行きのある味わいがつくり出されています。苦味はほとんどありませんが、後半になってほのかな酸味が姿を現すので、甘さの消えたさっぱりとした後口になります。

10　シーズナルエール系

ベルギーのシーズナルエールは、カソリックの国らしく冬に出されるクリスマスエールが主流です。クリスマスは贈り物のシーズンで、ベルギーの人たちは11月の末になるとあちこちウィンドウ・ショッピングを楽しみながら、誰に何を贈ろうかと思案します。そうした贈り物の1つにビールを選ばせたいという醸造家の目論見と消費者の嗜好が一致して、クリスマスエールの販売は年々増え続けています。

シーズナルエールは、クリスマスだけのビールではありません。販売量は少ないけれども、春の復活祭をあてこんだイースターエールも増えてきました。また、各地で祭りが開催される夏に向けて、サマーエールが生まれています。そして秋には、過ぎ去った夏を偲び豊穣を祝福するオータムエールが売り出されます。そうした特別のラベルを貼ったビールがリカーショップやスーパーの店頭に飾られているのを見ると、ベルギーも日本と同じように季節感を大切にする国であることが窺えます。

A　イースターエール（復活祭ビール）

イースター祭とも呼ばれる復活祭は、12月のクリスマスとともにキリスト教の大祭日で、毎年3月最後の日曜日か4月最初の日曜日（春分の日から数えて最初の満月の次の日曜日）に執り行われます。イースターエールは、復活祭の前後に飲まれ

ることをあてこんで、２月の声を聞くといっせいに売り出されます。暗く寒かった冬がそろそろ終わりを告げて草木が芽吹き出し、人々の気持も晴れやかに弾む季節。それに合わせて、醸造家はビールの色をできるだけ明るく仕上げます。味わいも、スパイスやフルーツの香りが漂う華やいだものや、ハニーを加えて甘やかな感じに造ります。春とはいえ外気はまだ冷たいので、アルコール度数は７％程度。飲むほどにホカホカと温まり、心地よい酔いが回る強さです。

イースターエールの銘柄……………………………………………

ボスキュン Boskeun ⑰、7.0％、デ・ドーレ醸造所（西フランダース州エセン）

「ボスキュン」は、イースター祭りの兎のこと。ラベルに兎が描かれたビールが店頭に並んでいると、人々は春の訪れを感じ取ります。「ボスキュン」は、ハニーの甘やかな香りの中にスパイスを効かせた艶やかなビールです。口に含んだとき強い甘味が感じられますが、やがてアルコールの辛さと混じり合い、ボルドーの甘口白ワイン、ソーテルヌに似た華麗なハーモニーを奏でます。ヴィヴァルディーの協奏曲「四季」のうち、ラ・プリマヴェーラ（春）を聴きながら飲むと、いっそう味わいが深くなるビールです。

B　サマーエール（夏至ビール）

夏至は、一年のうち昼間が最も長い日で、６月21日頃。農作物が芽を出し始め、秋にはたわわに実ってくれることを神に祈る日です。現代ではそういう習慣はなくなりましたが、陽気に騒いで夏の訪れを祝う気持ちはいまも変わりません。そのと

きに欠かせないのがビール。濃厚な味わいのものよりも、喉の渇きを潤すみずみずしいビールが好まれます。

サマーエールの銘柄……………………………………………………

アラビール Arabier ⑰、8.0 %、デ・ドーレ醸造所（西フランダース州エセン）
「アラビール」は、オランダ語でアラビア人のビールという意味。このネーミングには、うだるような熱い夏を知らないベルギー人の太陽への憧れが込められているに違いありません。「アラビール」は、ホップの爽やかなアロマが特徴。口当たりが非常に滑らかで、アルコールが８％もあるのに辛さをほとんど感じません。口の中では、レモンを思わせる香りを伴った、うっとりとするような甘い味わいが広がります。

C　オータムエール（収穫祭ビール）

夏の終わりにさしかかると、麦の香りに満ちた濃色ビールが出揃います。カラメルやチョコレートの香りに彩られたビールは、実りの秋を象徴しています。また麦芽風味を強めながら、ハーブやスパイスやフルーティーな香りで味わいに奥行きをつけることも忘れません。アルコール度数も、イースターエールやサマーエールよりも高めのものが多くなります。

オータムエールの銘柄……………………………………………………

シュフ・ボック 6666 Chouffe Bok 6666 ⑰、6.7 %、アシュフ醸造所（リュクサンブール州アシュフ）
「ボック」はオランダ語で牡ヤギの意味。ドイツの濃色高アルコールビール「ボック」と共通する名前です。「6666」はアル

コール度数を示し、6.666％を表します。売り出しは、9月の初め。売り尽くしたら、今年の分は終わりです。「シュフ・ボック 6666」は、アルコール度数を除き、同じ醸造所が出している「マクシュフ」とウリふたつのビールです。カラメル、コーヒー、チョコレートなどの麦芽風味に加えて、コリアンダーのスパイス香が印象的。しかし、アルコールの辛さはなく、やさしくみずみずしい味わいになっているところが、唯一「マクシュフ」との違いです。秋ビールですが、輸出先では春に売られることもあります。写真のグラスはアシュフ醸造所のビールに共通して使えます。

D　クリスマスエール（生誕祭ビール）

ベルギーのシーズナルエールのうち、銘柄が最も多く揃っているのがクリスマスエール。その数、40種類を超えるとか。早いものでは11月に入ると酒屋さんに出回ります。ラベルはクリスマスに因《ちな》んだデザインが大部分で、「クリスマス」とか「ノエル」Noel（聖夜）という言葉を印刷しているケースが多く見られます。特徴としては、アルコールが非常に強いこと。ほかに、ハーブやスパイスを強く効かせて香りを華やかに仕上げていることも挙げられます。ベルギーでは、食後のデザートにケーキやチーズと合わせて飲まれる光景がよく見られます。

クリスマスエールの銘柄……………………………………

ブッシュ・ド・ノエル Bush de Noel ⑰③、12.0％、デュビュイソン醸造所（エノー州ピペ）
「ノエル」は聖夜の意味。ベルギーで最もアルコール度数の高い「ブッシュ 12」のクリスマスエール・ヴァージョンです。

その特徴は、ホップと麦芽が混然となった香り立つアロマ。口に含むとフルーティーなアロマも加わり、香りの三重奏が響き渡ります。アルコールの辛さは強い甘味によってリキュールのような輝きと艶を持ち、喉越しを熱く焦がします。保管温度を15℃前後で保つと、10年でも20年でも寝かせておけます。

リーフマンス・グルークリーク Liefmans Gluhkriek ⑰④、6.5％、リーフマンス醸造所（東フランダース州アウデナールデ）
「グルークリーク」は情熱のクリークを意味し、フルーツエールの「リーフマンス・クリーケンビール」とアルコール度数が同じ。オールドブラウンをベースにクリークを加えて二次発酵させ、華麗なフルーツ香と酸味をつくり出しているのも同じです。「リーフマンス・クリーケンビール」との違いは、クリスマスエールに相応しく、スパイス香で特徴をつけていること。こちらの方がスパイシーで強い甘味が感じられます。

ナイス・シュフ N'Ice Chouffe ⑰⑤、10.0％、アシュフ醸造所（リュクサンブール州アシュフ）
「ナイス」はノン・アイス。ラベルにも描かれているように、このビールを飲んでいれば「凍えない」ということでしょうか。確かに、一口飲んだだけで10％もある強いアルコールが回り出し、身体の芯からホカホカと温まるのがよく分かります。雪とは正反対の真っ黒に近い色を持ち、カラメル、チョコレート、コーヒーなど濃色麦芽の香りが印象的。よく味わうと、オレンジやコリアンダーを思わせるスパイシーなフレーヴァーも現れ、甘味と相まってまことに深みのある味わいをもたらします。

サン・フューイェン・キュヴェ・ド・ノエル St. Feuillien Cuvee de Noel ⑯、9.0％、フリアール醸造所（エノー州ル・ルールス）

アビイビール「サン・フューイェン・ブリュン」のクリスマスエール・ヴァージョン。ホップのアロマとともに、カラメルやコーヒーの香りが混然と香り立ちます。口の中ではリコリスや洋梨の香りも現れ、味わいにひときわ華やかさを加えます。喉元を過ぎるとき、一瞬アルコールの熱さが感じられますが、それはすぐに退いてさっぱりとした後味になります。

11　ベルジャン・ピルスナー系

エールの国ベルギーでラガーが造られるようになったのは、1892年にルーヴェンのアルトワ醸造所が「ボック」という名前でピルスナーの醸造を開始して以来のことです。ピルスナーは1842年にボヘミアのピルゼン市で生まれたビールで、それまでのビールに見られなかったゴールド色をしていたために、またたくまにドイツ語圏を構成する中央ヨーロッパ全体に広がりました。とくに1883年、コペンハーゲンのカールスバーグ醸造所の研究所でラガー酵母の純粋培養に成功してから、雑味のないすっきりとした味わいのピルスナーが安定して造れるようになり、ピルスナーの普及に拍車がかかりました。その味わいは、口当たりや喉越しがみずみずしく爽やかで、水代わりに何杯でも飽きずに飲めるという特徴を持っています。

ベルギーでは、アルトワ醸造所がピルスナーを造り始めてから本格的な普及まで、しばらく時間がかかりました。盛んに飲まれるようになったのは第二次世界大戦後で、時代の風潮が

「国際化」「近代化」「画一化」に向かっていたとき。以来ピルスナーはベルギーのビール市場で大きなシェアを占めるようになり、今日70〜75%のビールがピルスナーで占められています。ベルギーのピルスナーは、一般的に麦芽のほか、コーンやスターチなどの副原料を使い、ホップのアロマや苦味をドイツやボヘミアのピルスナーよりも弱く仕上げています。また、熟成期間もドイツなどより短く、3〜6週間ほどで売り出されます。エールに比べて劣化が早く、ブリュッセルのカフェでも、酸化したものがしばしば出てくるのには驚きます。

ベルジャン・ピルスナーの銘柄……………………………………

マース・ピルス Maes Pils ⑰、5.0%、アルケン・マース醸造所(アントヴェルペン州ヴァールロース)

ゴールド色に輝く「マース・ピルス」は、バランスの取れたホップと麦芽のアロマが感じられるビール。しかし、そのパワーにエールのような強さはありません。口に含んでいるうちに消えていき、代わりにホップの苦味が舌を覆います。その苦味は飲み込んだ後も、長く尾を引いてしばらく口の中に残ります。

ステラ・アルトワ Stella Artois ⑱、5.2%、アルトワ醸造所(ブラーバント州ルーヴェン)

「ステラ・アルトワ」も、輝くばかりのゴールド色に仕上がっているビールです。ホップと麦芽のバランスは、ピルスナーよりもドルトムンダーに近く、やや麦芽の香りが上回っています。苦味はそれほど強くありませんが、ほのかに感じられる酸味が爽やかさをつくり、後口をさっぱりとさせます。

ベルギービールリスト

※太字は名鑑に解説のあるもの、○囲み数字は、口絵の写真番号を表しています。
※ビール名の後の 7A、2B、10D、11などの記号は、そのビールがどのカテゴリーに入るかを表しています。各カテゴリーの特徴は、名鑑の解説をご覧下さい。対応する名鑑のページは次のようになっています。

1A；ストレートランビック 9
1B；ランビックドウス 10
1C；グーゼ・ランビック 10
1D；フルーツランビック 14
1E；ファロ 22
2A；トラピストビール 25
2B；アビイビール 31
3A；ベルジャン・ウィートエール 46
3B；特殊ウィートエール 48
4A；オールドレッド 51
4B；オールドブラウン 52
5A；セゾンビール 54
5B；ワロニアン・ブロンドエール 57
5C；ワロニアン・ダークエール 59
6；ベルジャン・ペールエール系 60
7A；ベルジャン・ブラウンエール 63
7B；ベルジャン・スタウト 65
7C；ベルジャン・スコッチエール 65
8A；フレミッシュ・ストロングエール 68
8B；ワロニアン・ストロングエール 72
8C；ストロングゴールデンエール 76
9A；ハーブ・スパイスエール 86
9B；フルーツエール 88
9C；ハニーエール 90
10A；イースターエール 92
10B；サマーエール 93
10C；オータムエール 94
10D；クリスマスエール 95
11；ベルジャン・ピルスナー系 97

A

Aareschots Bruine, 4.0%, 7A
Abbeye d'Aulne Blonde des Peres, 7.0%, 2B
Abbeye d'Aulne Tripel, 9.0%, 2B
Abbeye d'Ename Dubbel, 6.5%, 2B
Abbeye d'Ename Tripel, 9.0%, 2B
Abbeye de St. Armand, 7.0%, 2B
Abbeye des Rocs Speciale Noel, 9.0%, 10D
Abbaye des Rocs, 9.0%, 2B ㊾
Abt Bijbier, 7.0%, 10A
Achel 8, 8.0%, 2A ㊻
Adler, 6.5%, 11
Aerts 1900, 7.0%, 6
Affligem Blonde, 7.0%, 2B
Affligem Dubbel, 7.0%, 2B

Affligem Paters Vat, 7.0%, 2B
Affligem Tripel, 8.5%, 2B
Akila Pilsner, 5.0%, 11
All Black, 6.0%, 7B
Ambiorix Dubbel, 8.0%, 8A
Antwerps Bruin, 5.5%, 7A
Arabier, 8.0%, 10B ⑰①
Artevelde Grand Cru, 6.7%, 7A (122)
Artisans Brasseurs Bier de Noel, 8.5%, 10D
Atlas, 5.0%, 11
Augustijn Grand Cru, 9.0%, 2B (60)
Avec les Bons Voeux de la Brasserie, 9.5%, 10D

B

Bacchus, 4.5%, 4A
Barbar Winterbok, 8.0%, 10D
Barbar, 8.0%, 9C
Bass Pale Ale, 5.2%, 6
Bavik Export, 4.5%, 11
Bavik Premium Pils, 5.2%, 11
Bavik Witbier, 5.0%, 3A
Bel Pils, 5.3%, 11
Belle Vue Framboise, 5.2%, 1D (15)
Belle Vue Kriek Primeur, 5.2%, 10C
Belle Vue Kriek, 5.2%, 1D (14)
Belle Vue Lambik, 5.0%, 1A
Belle Vue Selec-tion Lambic, 5.2%, 1A
Bellegems Bruin, 5.5%, 4A
Bellegems Witbier, 5.0%, 3A
Bie Kerstbier, 8.0%, 10D
Bieken, 8.5%, 9C
Biere de Beloeil, 8.5%, 8B (133)
Biere de Miel, 8.0%, 9C (168)
Biere des Ours, 8.5%, 9C (169)
Biere du Boucanier Blonde, 11.0%, 8C (142)
Biere du Corsaire Cuvee Speciale, 9.4%, 9A
Biere du Lion, 8.0%
Binchoise Blonde, 6.5%, 5B (113)
Binchoise Brune, 8.5%, 8B (135)
Bink Blond, 5.5%, 6
Bink Bruin, 5.5%, 7A
Bios Vlaamse Bourgogne, 5.5%, 4A
Blanche de Brunehaut Biologique, 5.0%, 3A (96)
Blanche de Bruxelles, 4.2%, 3A
Blanche de Charleroi Speciale Fetes, 7.0%, 10D
Blanche de Floreffe, 5.0%, 3A
Blanche de Namur, 4.5%, 3A
Blanche de Noel, 4.0%, 10D
Blanche des Honnelles, 6.0%, 3A (94)
Blanche des Neiges, 4.0%, 3A
Block Export, 4.3%, 11
Block Pils, 4.5%, 11
Block Speciale, 6.0%, 6
Blok-Blok, 7.0%, 10B
Blonde des Fagnes, 6.0%, 6
Blonde des Fagnes, 8.0%, 8C
Bocholter Pils, 5.0%, 11
Bock Premium Pils, 5.0%, 11
Bockor Pils, 5.2%, 11
Bokrijks Kruikenbier, 7.6%
Boon Faro Pertotale, 6.0%, 1E (44)
Boon Framboise, 6.0%, 1D (18)
Boon Kriek Mariage Parfait, 6.0%, 1D
Boon Kriek, 5.0%, 1D (17)
Boon Oude Kriek, 5.0%, 1D (16)
Bornem Dubbel, 8.0%, 2B (93)
Bornem Tripel, 9.0%, 2B

Boskeun, 7.0%, 10A (170)
Bourgogne des Flandres, 6.5%, 4A
Brassin de Pacques, 7.0%, 10A
Brigand, 9.0%, 8A (125)
Bruegel Amber Ale, 5.2%, 7A (123)
Brug-Ale, 5.0%, 6
Brugs Tarwebier, 4.8%, 3A (95)
Brugse Tripel, 9.0%, 2B (61)
Brunehaut Tradition Ambree, 6.5%, 5C
Brunehaut Villages Blonde, 6.5%, 5B (114)
Buffalo, 5.7%, 7B
Bush Beer 10.5%, 8C (147)
Bush Beer 12, 12.0%, 8B (136)
Bush Beer 7% 7.0%, 8C (146)
Bush de Noel, 12.0%, 10D (173)

C

Calleweart Stout, 5.5%, 7B
Cambrinus, 4.9%, 6
Campbell's Christmas, 8.3%, 10D
Campbell's Scotch, 6.8%, 7C
Campus Ambree, 7.5%, 8A
Campus Blond, 7.0%, 8C (148)
Cantillon Apricot, 5.0%, 1D (23)
Cantillon Faro, 5.0%, 1E
Cantillon Grand Cru Bruocsella, 5.0%, 1A (1)
Cantillon Gueuze Lambic Lou Pepe, 5%, 1C (6)
Cantillon Gueuze Lambic, 5.0%, 1C (5)
Cantillon Iris, 5.0%, 1A (2)
Cantillon Kriek Lambic, 5.0%, 1D (19)
Cantillon Lou Pepe Framboise, 5.0%, 1D (21)
Cantillon Lou Pepe Kriek Lambic, 5.0%, 1D (20)
Cantillon Rose de Gambrinus, 5.0%, 1D (25)
Cantillon Saint Lamvinus, 5.0%, 1D (24)
Cantillon Vigneronne, 5.0%, 1D (22)
Caracole Ambree, 7.2%, 5C (117)
Caracole au Miel, 7.2%, 9C
Caves, 5.5%, 7A
Cervesia, 8.0%, 8B (134)
Chapeau Exotic, 3.0%, 1D
Chapeau Faro, 4.8%, 1E
Chapeau Fraises, 3.0%, 1D (43)
Chapeau Framboise, 5.5%, 1D
Chapeau Geuze, 5.5%, 1C
Chapeau Kriek, 3.0%, 1D (42)
Chapeau Mirabelle, 3.0%, 1D
Chapeau Peche, 3.0%, 1D
Chapeau Tropical, 3.0%, 1D
Charles Quint, 7.0%, 8A
Chateau des Flandres, 8.0%, 8A
Chimay Blanche, 8.0%, 2A (48)
Chimay Bleue, 9.0%, 2A (47)
Chimay Cinq Cents, 8.0%, 2A (51)
Chimay Grande Reserve, 9.0%, 2A (50)
Chimay Premiere, 7.0%, 2A (52)
Chimay Rouge, 7.0%, 2A (49)
Chouffe Bok 6666, 6.7%, 10C (172)
Christmas Bier, 8.0%, 10D
Ciney 10 Speciale, 9.0%, 2B
Ciney Blonde, 7.0%, 2B
Ciney Brune, 7.0%, 2B
Club de Stella Artois, 5.9%, 11
Cnudde Bruin, 4.7%, 4B
Con Domus, 5.0%, 11

Contra-Pils, 4.8%, 11
Contreras Marzen Bier, 5.8%, 10A
Corsendonk Agnus Dei, 8.0%, 2B ⑥④
Corsendonk Pater Noster, 7.0%, 2B ⑥③
Couckelaerschen Doedel, 6.0%, 7A
Cristal Alken, 4.8%, 11
CTS Scotch, 7.5%, 7C
Cuvee de l'Elmitage Christmas, 8.0%, 10D
Cuvee des Trolls, 7.0%, 8C ⑭⑨

D

Darbyste, 5.8%, 9A
De Keersmaeker Lambik, 4.0%, 1A
De Keersmaeker Witte Lambik, 4.0%, 1A
De Koninck, 5.0%, 6 ⑪⑨
De Neve Frambozen, 5.2%, 1D
De Neve Gueuze Gefilterd（濾過）, 5.2%, 1C
De Neve Gueuze Ongefilterd（未濾過）, 5.2%, 1C
De Neve Kriek, 5.2%, 1D
De Ryck Christmas Pale Ale, 4.7%, 10D
De Ryck Speciale, 4.2%, 6
De Troch Framboise de Liege, 5.0%, 1D
De Troch Geuze Fond, 5.5%, 1C
De Troch Gueuze Vieux Foure, 5.5%, 1C
De Troch Kriek Ongefilterd（未濾過）, 5.5%, 1D
De Troch Oude Geuze, 5.5%, 1C
De Troch X-mas Gueuze, 5.5%, 10D
Deca Lux Pils, 4.8%, 11
Delhaize Witbier, 5.0%, 3A
Delirium Millenium Tripel, 9.0%, 8C ⑮①
Delirium Nocturnum, 8.0%, 8A ⑫⑥
Delirium Tremens, 9.0%, 8C ⑮⓪
Dentergems Witbier, 5.0%, 3A
Deugniet, 8.0%, 8C ⑭③
Dikke Mathile, 6.0%, 6
Dikkenek, 5.1%, 7A
Dobbel Palm, 5.5%, 10D
Double Enghien Blonde, 7.5%, 8C ⑭④
Double Enghien Brune, 8.0%, 8B ⑬⑦
Drie Fonteinen Faro, 5.0%, 1E
Drie Fonteinen Framboise, 5.0%, 1D
Drie Fonteinen Geuze, 5.0%, 1C
Drie Fonteinen Oude Geuze, 6.5%, 1C ⑦
Drie Fonteinen Oude Kriek, 5.0%, 1D
Drie Fonteinen Oude Lambik, 5.0%, 1A
Drossaard, 6.5%, 7A
Duchesse de Bourgogne, 6.2%, 4A ⑩③
Duivelsbier/Biere du Diable, 5.0%, 6
Dulle Teve, 10.0%, 8A
Dupont III, 9.5%, 8C ⑮⑧
Duvel, 8.5%, 8C ⑭⑤

E

Echte Kriek, 6.8%, 9B ⑯⑦
Engel, 8.0%, 10D
Engeltjesbier, 10.0%, 8A
Eupener Export, 4.0%, 11
Eupener Pils, 4.5%, 11
Eylenbosch Framboise Lambic,

4.0%, 1D
Eylenbosch Geuze, 4.0%, 1C
Eylenbosch Kriek Lambic, 4.0%, 1D
Eylenbosch Oude Geuze, 4.0%, 1C

F

Facon Export, 4.3%, 11
Facon Extra Stout, 5.4%, 7B
Facon Ouden Bruin, 4.5%, 4A
Facon Scotch Christmas, 6.1%, 10D
Fantome de Noel, 10.0%, 10D
Fantome, 8.0%, 8B
Felix Oudenaarde Kriekbier, 6.0%, 9B
Felix Oudenaards Oud Bruin, 5.5%, 4B
Flandrien, 5.0%, 7A
Floreffe Blonde, 6.5%, 2B (65)
Floreffe Triple, 8.0%, 2B (66)
Floris Chocolat, 3.0%, 9A
Floris Fraises, 3.0%, 9B
Floris Honey, 3.0%, 9C
Floris Ninke, 3.0%, 9B
Floris Passion, 4.5%, 9B
Florisgaarden Witbier, 3.5%, 3A

G

Galmaarden Dubbel, 7.0%, 8A
Galmaarden Tripel, 8.0%
Gambrinus Pils, 4.6%, 11
Gauloise Ambree, 6.0%, 5C
Gauloise Blonde, 6.8%, 5B
Gauloise Brune, 8.5%, 8B
Gaverhopke Bruin 8, 8.0%, 8A
Gentse Tripel, 8.0%, 2B
Gildenbier, 6.3%, 7A
Ginder Ale, 5.1%, 6
Girardin Framboise 1882, 5.0%, 1D (27)
Girardin Kriek 1882, 5.0%, 1D (26)
Girardin Kriekenlambik（非ブレンド）, 5.0%, 1D
Girardin Lambik, 5.0%, 1A
Godefroy, 5.8%, 7A
Gouden Carolus Cuvee Van De Keizer, 8.0%, 8A (128)
Gouden Carolus, 8.0%, 8A (127)
Grimbergen Blond, 6.0%, 2B (67)
Grimbergen Cuvee de L'Ermitage, 8.5%, 2B (69)
Grimbergen Dubbel, 6.5%, 2B (68)
Grimbergen Optimo Bruno, 10.0%, 2B (71)
Grimbergen Tripel, 9.0%, 2B (70)
Grisette Ambree, 5.0%, 5C (118)
Grisette Blanche, 5.0%, 3A (97)
Grisette Blonde, 4.5%, 5B (115)
Gueuze Girardin 1882, 5.0%, 1C (9)
Gueze Foudroyante, 5.0%, 1C
Guillotine, 9.0%, 8C (152)
Gulden Draak, 11.0%, 8A

H

Haacht Export, 4.7%, 11
Haecht Witbier, 4.8%, 3A
Hanssens Oude Gueuze, 5.0%, 1C (8)
Hanssens Oude Kriek, 5.0%, 1D
Hapkin, 8.5%
Heerenbier, 8.5%, 8A
Hellekapelle, 5.0%, 6
Helleketelbier, 7.0%, 8A
Helles Export, 4.0%, 11
Hercule, 9.0%, 7B
Hesbaye Brune, 9.0%, 8B

Hesbaye Cuvee Speciale, 8.0%, 10D
Het Kapittel Abt, 10.0%, 2B
Het Kapittel Dubbel, 7.0%, 2B
Het Kapittel Pater, 6.5%, 2B
Het Kapittel Prior, 9.0%, 2B
Hoegaarden Grand Cru, 8.7%, 8C (153)
Hoegaarden Speciale, 5.6%, 10C
Hoegaarden Witbier, 5.0%, 3A (98)
Hoge Bier, 6.0%, 9A
Hoogstraten Poorter, 6.5%, 7A
Hopduvel Blondine, 9.0%
Hopduvel Brunette, 9.0%, 8A
Horse Ale, 4.8%, 6

I

Ichtegems Oud Bruin, 4.9%, 4A

J

Jack-Op, 5.0%, 7A
Jacobins Frambozen Lambic, 5.5%, 1D
Jacobins Gueuze Lambic, 5.5%, 1C
Jacobins Kriek Lambic, 5.5%, 1D
Jean de Nivelles Brune, 7.5%, 8B
John Martin's Special, 6.1%, 6
Joseph, 6.0%, 3B (101)
Judas, 8.5%, 8C (154)
Julius, 8.7%, 8C
Jupiler, 5.3%, 11

K

K'8 Beer, 8.0%, 9B
Karmeleon Paasbier, 7.0%, 10A
Karmeliet Tripel, 8.0%, 2B (72)
Karmereon Tripel, 8.5%, 8C
Kastaar, 5.0%, 7A
Kasteelbier Gouden Triple, 11.0%, 8C (155)
Kasteelbier, 11.0%, 8A (129)
Kerelsbier Donker, 6.0%, 7A
Klokbier, 8.5%, 8C
Kuurnse Witte, 7.0%, 3A
Kwik Pils, 4.8%, 11

L

L'Aldegonde Brune, 8.5%, 9A
L'Obigeoise, 8.0%, 10B
La Becasse Lambic/De Neve Lambic, 5.0%, 1A
La Binchoise Speciale Noel, 9.0%, 10D
La Botteresse Ambree, 8.5%, 8B
La Cervoise des Ancetres, 8.5%, 9A (161)
La Chouffe, 8.0%, 9A
La Divine, 9.5%, 8B (138)
La Marlagne Blanche, 4.8%, 3A
La Moneuse Speciale Noel, 8.0%, 10D
La Moneuse, 8.0%, 8B (139)
La Montagnarde, 9.0%, 8B (140)
La Vieille Bon-Secours Ambree, 8.0%, 2B
La Vieille Bon-Secours Blonde, 7.5%, 2B
La Vieille Bon-Secours Brune, 8.0%, 2B
Lam Gods, 7.0%, 10A
Lam Gods, 7.0%, 10D
Lambik Lindemans, 5.0%, 1A
Lamot, 5.2%, 11
Le Pave de l'Ours, 8.5%, 9C
L'Ecume des Jours, 7.0%, 5B
Leffe Blonde, 6.6%, 2B (73)
Leffe Brune, 6.5%, 2B (74)

Leffe Radieuse, 8.2%, 2B (75)
Leffe Vieille Cuvee, 8.1%, 2B (76)
Legere Biologique, 3.5%, 10B
Leroy Christmas, 6.8%, 10D
Leroy Stout, 4.0%, 7B
Leuvendige Witte, 5.0%, 3A
Lichtervelds Blond, 8.0%, 8C
Liefmans Frambozenbier, 5.4%, 9B (166)
Liefmans Gluhkriek, 6.5%, 10D (174)
Liefmans Goudenband, 8.0%, 4B (107)
Liefmans Kriekbier, 6.5%, 9B (165)
Limburgse Witte, 5.0%, 3A
Lindemans Cassis, 4.0%, 1D (31)
Lindemans Faro Lambic, 4.8%, 1E (45)
Lindemans Foudrayante Myrtille, 3.5%, 1D
Lindemans Framboise, 4.0%, 1D (29)
Lindemans Gueuze Ongefilterd, 5.0%, 1C
Lindemans Gueuze, 5.0%, 1C (10)
Lindemans Kriek, 4.0%, 1D (28)
Lindemans Oude Cuvee Rene, 5.0%, 1C
Lindemans Pecheresse, 4.0%, 1D (30)
Lindemans Tea Beer, 4.0%, 1D (32)
Loburg, 5.7%, 11
Lootsch Winterbier, 11.0%, 10D
Loteling Blond, 7.0%, 8C
Louwaege Stout, 4.8%, 7B
Lucifer, 8.0%, 8C

M

Maes Pils, 5.0%, 11 (177)
Malheur 10, 10.0%, 8C (156)
Malheur 4, 5.5%, 3A
Malheur 6, 6.0%, 8C (157)
Malheur Brut Reserve, 11.0%, 9A (162)
Maredsous 10, 10.0%, 2B (79)
Maredsous 6, 7.0%, 2B (77)
Maredsous 8, 8.5%, 2B (78)
Martens Pils, 5.0%, 11
Mateen Tripel, 11.8%, 8C
Mater Witbier, 5.0%, 3A
McChouffe, 8.5%, 8B (141)
Mechelschen Bruynen, 6.0%, 7A
Minty, 4.3%, 9A
Miroir, 5.0%, 3A
Moinette Biologique, 7.5%, 2B (82)
Moinette Blonde, 8.5%, 2B (80)
Moinette Brune, 8.5%, 2B (81)
Mont Saint-Aubert, 8.0%, 8B
Montagnarde Altitude 6, 6.0%, 5B (116)
Mort Subite Cassis, 4.3%, 1D
Mort Subite Fond Gueuze, 6.0%, 1C
Mort Subite Framboise, 4.3%, 1D
Mort Subite Gueuze Lambic, 4.3%, 1C (11)
Mort Subite Kriek, 4.3%, 1D
Mort Subite Peche, 4.3%, 1D (33)

N

N'Ice Chouffe, 10.0%, 10D (175)
Napoleon, 8.0%, 8C
Noel Christmas Weihnacht, 7.2%, 10D
Noel de Silenrieux, 7.5%, 10D

O

Ochtendkriek, 7.5%, 10A
Oeral, 6.0%, 10B
Oerbier, 7.5%, 8A
Op-Ale, 5.0%, 6
Orval, 6.2%, 2A ㊿53
Oud Kriekenbier, 6.5%, 9B
Oude Beersel Geuze, 6.0%, 1C
Oude Beersel Sherry Poesy, 7.0%, 1D
Oude Geuze De Cam, 5.0%, 1C
Oude Gueuze Boon Mariage Parfait, 8.0%, 1C ④
Oude Gueuze Boon, 7.0%, 1C ③
Oude Lambik Boon, 6.0%, 1A
Oude Lambik De Cam, 4.0%, 1A
Oudenburgs Abdijbier, 8.0%, 2B
Oudenburgs Tripel, 9.0%

P

Paasche, 8.0%, 10A
Palm Speciale, 5.5%, 6
Passendale, 6.0%, 6 (120)
Pater Lieven Bruin, 6.5%, 7A
Pater Van Damme, 7.5%, 2B
Paulis, 5.0%, 4A
Pauwel Kwak, 8.0%, 8A (130)
Pax Pils, 5.0%, 11
Petrus Oud Bruin, 5.5%, 4A (104)
Petrus Speciale, 5.5%, 6 (121)
Petrus Triple, 7.5%, 2B (83)
Petrus Winterbier, 6.5%, 10D
Pony Stout, 5.5%, 7B
Poperings Hommelbier, 7.5%, 8C (159)
Postel Dubbel, 7.0%, 2B
Postel Kerstbier, 8.5%, 10D
Postel Tripel, 7.0%, 2B
Primus, 5.0%, 11
Prosit Pils, 4.8%, 11

Q

Queue de Charrue, 5.4%, 4A
Quintine Ambree, 8.5%, 8B
Quintine de Noel, 8.5%, 10D

R

Regal Christmas, 9.0%, 10D
Reinaert Grand Cru, 7.0%, 8A
Reinaert Tripel, 9.0%, 8C
Triple Toison d'Or, 7.5%, 8C
Riva Pils, 5.0%, 11
Rochefort 10, 11.3%, 2A (55)
Rochefort 8, 9.2%, 2A (54)
Rochefortoise Winter, 12.0%, 10D
Rochus, 4.7%, 9A
Rodenbach Grand Cru, 6.0%, 4A (106)
Rodenbach, 5.0%, 4A (105)
Roman Christmas Bell, 8.0%, 10D
Roman Dobbelen Bruinen, 8.0%, 8A
Roman Export, 4.5%, 11
Roman Oudenaarde, 5.0%, 4B
Romy Lux, 5.6%, 11
Romy Pils, 6.1%, 11

S

Saison 1900, 5.0%, 5A
Saison d'Erezee Printemps, 6.2%, 10A
Saison d'Epeautre, 6.0%, 5A (108)
Saison d'Erezee Automne, 7.5%, 10C
Saison d'Erezee Ete, 7.0%, 10B
Saison de Pipaix, 6.5%, 5A
Saison de Silly, 5.3%, 5A (112)

Saison Dupont Biologique, 5.5%, 5A (110)
Saison Dupont Vieille Provision, 6.5%, 5A (109)
Saison Regal, 5.6%, 5A (111)
Sara, 6.0%, 3B (102)
Sas Pils, 4.7%, 11
Satan Gold, 8.0%, 8C
Satan Red, 8.0%, 8A (131)
Saxo, 8.0%, 8C (160)
Scotch de Silly, 8.0%, 7C (124)
Sezoens Blond, 6.0%, 6
Sezoens Quattro, 8.0%, 8C
Silly Pils, 5.0%, 11
Slag Lager Pils, 4.8%, 11
Slaghmuylder Kerstbier, 5.5%, 10D
Slaghmuylder Paasbier, 5.5%, 10A
Sloeber, 7.5%, 8C
Smisje Banaan, 6.0%, 10C
Smisje Blond, 6.0%, 9C
Smisje Bruin, 6.0%, 9C
Smisje Dubbel, 8.5%, 10D
Snellegemsen, 8.0%, 8A
Snoek, 6.9%, 6
Sparta Pils, 5.0%, 11
St. Amandus Blond Kortenbergs Abdijbier, 5.0%, 2B
St. Arnoldus Tripel, 7.5%, 2B
St. Benoit Blonde, 6.3%, 2B
St. Benoit Brune, 6.3%, 2B
St. Bernardus Prior 8, 8.0%, 2B (85)
St. Bernardus Tripel, 7.5%, 2B (84)
St. Feuillien Blonde, 7.5%, 2B (86)
St. Feuillien Brune, 7.5%, 2B (87)
St. Feuillien Cuvee de Noel, 9.0%, 10D (176)
St. Hermes 7, 7.0%, 2B
St. Idesbald Blond, 6.0%, 2B
St. Idesbald Bruin, 8.0%, 2B
St. Idesbald Tripel, 9.0%, 2B
St. Jozef Kriekenbier, 5.0%, 9B
St. Louis Cassis Lambic, 4.5%, 1D (37)
St. Louis Framboise Lambic, 4.5%, 1D (35)
St. Louis Gueuze Fond Tradition, 5.0%, 1C
St. Louis Gueuze, 4.5%, 1C (12)
St. Louis Kriek Lambic, 4.5%, 1D (34)
St. Louis Peche Lambic, 4.5%, 1D (36)
St. Sebastiaan Dark, 6.9%, 2B (88)
St. Sebastiaan Grand Cru, 7.6%, 2B (89)
Steedje Kerstbier, 7.9%, 10D
Steenbrugge Dubbel, 6.5%, 2B (62)
Steendonk, 4.5%, 3A
Stella Artois, 5.2%, 11 (178)
Still Nacht, 8.0%, 10D
Straffe Hendrik Blond, 6.5%, 6
Stropken, 9.0%, 8A
Strubbe Export, 4.2%, 11
Strubbe Kriekenbier, 4.5%, 9B
Strubbe Stout, 5.0%, 7B
Strubbe Super Pils, 5.0%, 11
Super Noel Abbeye d'Aulune, 9.0%, 10D

T

Ter Dolen Blonde, 6.1%, 2B
Ter Dolen Dubbel Donker, 7.1%, 2B
Terschelling Wilde Kersen Bier, 4.5%, 9B
Timmermans Cassis Lambik, 4.5%, 1D (41)

Timmermans Faro, 4.0%, 1E
Timmermans Framboise Lambik, 4.5%, 1D ㊴
Timmermans Gueuze Lambic, 5.0%, 1C ⑬
Timmermans Kriek Lambik, 4.5%, 1D ㊳
Timmermans Lambik, 4.5%, 1A
Timmermans Oude Geuze Caveau, 5.5%, 1C
Timmermans Peche Lambik, 4.5%, 1D ㊵
Titje Blanche, 4.7%, 3A (99)
Tongerlo Christmas, 6.0%, 10D
Tongerlo Dubbel Blond, 6.0%, 2B
Tongerlo Dubbel Bruin, 6.0%, 2B
Tongerlo Tripel Blond, 8.0%, 2B
Troublette, 5.0%, 3A

U

Uitzet Kriekenbier, 5.8%, 9B

V

Val-Dieu Blonde, 6.0%, 2B (90)
Van Den Bossche Kerstpater, 6.5%, 10D
Vapeur Cochonne, 9.0%, 9A (163)
Vapeur en Folie, 8.0%, 9A (164)
Vapeur Legere, 4.5%, 10B
Vera Export, 4.3%, 11
Vera Pils, 4.7%, 11
Verboden Vrucht, 9.0%, 8A (132)
Vichtenaar, 4.9%, 4A
Vieille des Estinnes, 7.5%, 8B
Vieux Temps, 5.5%, 6
Villers Tripel, 8.5%, 2B (92)
Villers Vieille, 7.0%, 2B (91)
Vlaamsch Wit, 4.5%, 3A (100)
Vleteren Alt, 8.0%, 8A
Vondel, 8.0%, 9B

W

Waasbier, 6.0%, 9A
Watneys Scotch, 6.7%, 7C
Watou's Wit, 5.0%, 3A
Westmalle Dubbel, 7.0%, 2A (56)
Westmalle Tripel, 9.0%, 2A (57)
Westvleteren Abt 12, 11.0%, 2A (58)
Whitbread Extra Stout, 4.5%, 7B
Whitbread Pale Ale, 5.7%, 6
Wilson Mild Stout, 5.2%, 7B
Witkap Pater Dubbel, 7.0%, 2B
Witkap Pater Stimulo, 6.0%, 2B
Witkap Pater Tripel, 7.5%, 2B

X

XX Bitter, 6.2%, 6

Y

Yersekes Mosselbier, 4.5%, 6
Yperman, 6.0%, 6

Z

Zatte Bie, 9.5%, 9C
Zelfde, 6.1%, 7A
Zotskap, 5.7%, 4B
Zottegemse Grand Cru, 8.4%, 8A
Zulte, 4.5%, 7A

参考文献

Beer Lover's Rating Guide, Bob Klein (Workman Publishing)
Cantillon (Brasserie-Brouwerij Cantillon)
Belgium, Grand Duchy of Luxembourg (Michlin Tyre Plc.)
Brussels (Michelin Tyre Plc.)
Continental Pilsner, David Miller (Brewers Publications)
Illustrated History of Europe, Frederic Delouche (Weidenfeld & Nicolson)
Lambi(e)k en Geuze (Provincie Vlaams Brabant)
The Ale Trail, Roger Protz (Eric Dobby Publishing)
The Classic Beers of Belgium, Christian Deglas (G.W.Kent Inc.)
The Complete Book of Spices, Jill Norman (Dorling Kindersley Ltd.)
The Complete Encyclopedia of Beer, Berry Verhoef (Rebo Publications)
The Encyclopedia of Herbs, Spices & Flavourings, Elisabeth *Lambert Ortiz* (Dorling Kindersley Ltd.)
The Good Beer Guide to Belgium and Holland, Tim Webb (Story Books)
The Taste of Beer, Roger Protz (Weidenfeld & Nicolson)
Petit Fute on Belgian Beers, Bernard Dubrulle (Neocity Publishing)
『味と香りの話』栗原堅三著（岩波新書）
『おいしさの科学』山野善正・山口静子編（朝倉書店）

参考文献

『オランダ史』M・ブロール著／西村六郎訳（白水社 文庫クセジュ）
『食品のにおい』白木善三郎著（光琳全書）
『スローフード宣言！』ニッポン東京スローフード協会編（木楽舎）
『世界史辞典』前川貞次郎他編著（数研出版）
『世界ビール大百科』F・エクハード他著／田村功訳（大修館書店）
『読んで旅する世界の歴史と文化　オランダ・ベルギー』栗原福也監修（新潮社）
『ハプスブルク家』江村洋著（講談社現代新書）
『ビール世界史紀行』村上満著（東洋経済新報社）
『ビールと料理のマリアージュ』田村功著（日本地ビール協会講習会テキスト）
『ブルゴーニュ家』堀越孝一著（講談社現代新書）
『ベルギー史』G・H・デュモン著／村上直久訳（白水社 文庫クセジュ）
『ベルギー　ヨーロッパが見える国』小川秀樹著（新潮選書）
『マイケル・ジャクソンの地ビールの世界』M・ジャクソン著／田村功訳（柴田書店）
『ビア・コンパニオン』M・ジャクソン著／小田良司訳（日本地ビール協会）

※本文中のオランダ語カタカナ表記は『講談社オランダ語辞典』に準じました。

ベルギービール名鑑写真一覧

1 **ランビック系** A ストレートランビック ①、② B ランビックドウス なし C グーゼ・ランビック ③－⑬ D フルーツランビック ⑭－㊸ E ファロ ㊹、㊺

2 **ホーリィエール系** A トラピストビール ㊻－㊽ B アビイビール ㊾－93

3 **ウィートエール系** A ベルジャン・ウィートエール 94－100 B 特殊ウィートエール 101、102

4 **エイジドエール系** A オールドレッド 103－106 B オールドブラウン 107

5 **ワロニアンエール系** A セゾンビール 108－112 B ワロニアン・ブロンドエール 113－116 C ワロニアン・ダークエール 117、118

6 **ベルジャン・ペールエール系** 119－121

7 **ベルジャン・ダークエール系** A ベルジャン・ブラウンエール 122、123 B ベルジャン・スタウト なし C ベルジャン・スコッチエール 124

8 **ストロングエール系** A フレミッシュ・ストロングエール 125－132 B ワロニアン・ストロングエール 133－141 C ストロングゴールデンエール 142－160

9 **フレーヴァードエール系** A ハーブ・スパイスエール 161－164 B フルーツエール 165－167 C ハニーエール 168、169

10 **シーズナルエール系** A イースターエール 170 B サマーエール 171 C オータムエール 172 D クリスマスエール 173－176

11 **ベルジャン・ピルスナー系** 177、178

CANTILLON
1
CANTILLON
Iris 1998
2
1998-99
OUDE
GEUZE
BOON
3
8
OUDE
GEUZE
BOON
Mariage Parfait
4
CANTILLON
Gueuze 100% Lambic
5
GUEUZE
1998
CANTILLON
Lou Pepe
6
3
OUDE GEUZE
1999
3 fonteinen
Beersel
7